新能源时代背景下的生物质资源转化技术及应用

邵志勇◎著

中国水利水电出版社
www.waterpub.com.cn

·北京·

内 容 提 要

随着一次能源的有限性和环境问题的日益突出，以环保和可再生为特质的新能源越来越得到各国的重视，渐渐地迎来了"新能源"时代。生物质资源在新能源中占据了重要的位置，对其转化技术及应用也提出了新的要求，本书正是针对这个方面展开的。本书首先介绍了"新能源"时代背景下的生物质资源的基本概况，在此基础上，阐述了生物质资源的主要原料、粗放型生物质利用技术的分析、生物质的热解液化与气化、生物质的热解的基本原理、生物质的催化热解等内容，此外，还介绍了生物质资源的高值化利用技术分析以及高附加值基础化学品的热解制备等内容。

本书可供生物质利用技术领域专家及相关人员参考阅读，也可供生物质研究领域的企业技术人员等参考阅读。

图书在版编目（CIP）数据

新能源时代背景下的生物质资源转化技术及应用 / 邵志勇著. -- 北京 ：中国水利水电出版社，2020.1（2021.9重印）
ISBN 978-7-5170-8423-5

Ⅰ．①新… Ⅱ．①邵… Ⅲ．①生物能源－能源利用－研究 Ⅳ．①TK6

中国版本图书馆CIP数据核字(2020)第027455号

责任编辑：陈 洁　　加工编辑：陈利国　　封面设计：王 斌

书　　名	新能源时代背景下的生物质资源转化技术及应用 XIN NENGYUAN SHIDAI BEIJING XIA DE SHENGWUZHI ZIYUAN ZHUANHUA JISHU JI YINGYONG	
作　　者	邵志勇　著	
出版发行	中国水利水电出版社 （北京市海淀区玉渊潭南路1号D座　100038） 网址：www. waterpub. com. cn E-mail：mchannel@ 263. net （万水） 　　　　sales@ waterpub. com. cn 电话：(010) 68367658（营销中心）、82562819（万水）	
经　　售	全国各地新华书店和相关出版物销售网点	
排　　版	北京万水电子信息有限公司	
印　　刷	三河市元兴印务有限公司	
规　　格	170mm×230mm　16开本　13印张　230千字	
版　　次	2020年6月第1版　2021年9月第2次印刷	
印　　数	3001—4500册	
定　　价	59.00元	

前　言

远古时代，地球上的资源十分丰富，随着人类生产生活方式的不断进步，人们逐渐对资源开始了更深层次的利用，如钻木取火、河水灌溉等，它给人们带来了光明和新的生活方式。资源逐渐被人们大量挖掘和利用，尤其是在近现代工业发展空前繁荣的年代，资源的减少速度远远大于它的再生速度，人类也由此面临能源资源枯竭、环境污染严重的境况。

人类面对如此严峻的考验，纷纷寻找新的可再生的、污染小的、甚至是无污染的能源来代替地球储藏的能源。我国在能源发展方面也出台了众多政策，在可再生能源开发方面也获得了重要成就，对改善能源危机有重要的现实意义。随着科学研究的进一步加深，生物质资源被人们逐渐重视起来，并成为科学研究的重点方向。对此，本书着重对生物质资源转化技术及应用进行分析与阐述。

本书共八章，结合理论与应用两个层次展开介绍。第一章论述的内容主题为新能源背景下的生物质及应用展望，介绍什么是生物质和生物质能，可持续发展中人类面临的问题、生物质能的有效利用及现况、生物资源应用的前景与挑战；第二章介绍新能源背景下生物质的主要原料，包括淀粉类生物质资源、纤维素类生物质资源、其他糖类生物质资源、油脂类生物质资源、可再生生物质资源；第三章对生物质的利用技术进行介绍，包括预处理技术以及燃烧；第四章主要介绍生物质的热解液化，内容有生物质热解液化的工艺技术、生物质气化工艺技术、生物质热解液化产物的高值化；第五章主要介绍理论知识，从生物质的热解过程与技术、生物质燃烧热解热力学现象、生物质燃烧热解动力学现象这三个方面展开；第六章介绍生物质资源转化的相关问题，以催化转化为主要内容，包括生物质催化热解的途径、生物质催化热解的反应装置、不同催化剂中的生物质热解反应、有效氢碳比高的原料与生物质共催化热解；第七章介绍生物质资源的高值化利用，包括高附加值的基础化学品、生物塑料的合成与使用、生物积碳材料、生物染料与生物基涂料、生物质基药品与农药；第八章以高附加值基础化学品的制备为主要内容，介绍左旋葡聚糖的选择性热解制备、脱水糖衍生物的选择性热解制备、糠醛与 5 -羟甲基糠醛的选择性热解制备、酚类物质的选择性热解制备、其他高附加值基础化学品制备。

　　本专著得到生物基材料与绿色造纸国家重点实验室开放基金资助（ZR20190106）。在撰写本书的过程中，得到了齐鲁工业大学生物基材料与绿色造纸国家重点实验室王兆江教授、李宗全教授等多位专家学者的帮助和指导，参考了大量的相关学术文献，在此表示真诚的感谢。本书内容系统全面，论述条理清晰、深入浅出，力求论述翔实，但因作者水平有限，书中难免会有疏漏之处，希望同行学者和广大读者予以批评指正。

作者

2019 年 8 月

目　录

第一章 新能源背景下的生物质及应用展望

能源与人类的生产生活及生命息息相关，无论是一次能源还是通过人们的智慧产生的可再生能源，对我们来说都是十分宝贵的。但随着人类智慧的不断提高和技术研究的进步，对能源的开采利用技术已经相当纯熟，甚至是有些过度的。尤其是工业革命以后，能源问题就显得更加尖锐了。为了应对能源、环境和经济困境，近些年来，生物燃料有了迅速的发展。

第一节 可持续发展中人类面临的问题

可持续发展战略的提出是在20世纪80年代，作为一个新的观点，基于时代变迁和经济发展的需要而被提出。而在全世界范围内，第一次提出"可持续发展"概念的人是布伦特兰夫人，在1987年由其担任主席的世界环境与发展委员会提出。该概念的最初理念根源，可追溯至20世纪60年代的《寂静的春天》、"太空飞船理论"和罗马俱乐部等。1989年5月举行的第15届联合国环境署理事会期间，经过反复磋商，通过了《关于可持续发展的声明》。

可持续发展战略的诞生，是工业文明进步路上的必然结果，是人类对工业社会发展的反思。换句话说，它的诞生是人类针对环境、经济、社会等一系列问题做出的明确表态，也是人类抵制继续给环境带来污染、生态遭到破坏以及阻止各系统间失去平衡而做出的正确选择，"经济发展、社会发展和环境保护是可持续发展相互依赖互为加强的组成部分"，我国对这一问题也极为关注。

非可再生性能源的大量使用，不仅使能源本身的储量面临耗竭的危险，更会给当下的人们及其子孙带来严重的污染问题。因此，人类一方面要依靠能源来推动经济和社会的发展，另一方面也要着眼于未来，开发新的、可再生的、无污染的新型能源，既能解决传统型能源的短缺问题，又能给环境的可持续发展带来新的机遇。

随着人们的不断探索，纷纷将研究目标转移到生物质能源方面，能源的开发集中在我国丰富的、尚没有被有效利用的生物燃料上。在该研究方向的前进过程中，必然会出现新的问题，需要人们予以重视。

一、针对生物燃料，人们需要考虑的问题

首先，人们需要考虑生物燃料作为新型能源代替不可再生能源，替代的程度有多大。就目前社会生产和人们生活所用的燃料来说，仍然以传统能源（如煤炭等）为主，生物燃料作为能源使用还是比较少的，尽管如此，它仍然给国际能源交易添了一些新麻烦。例如，生物燃料在产品交易中应该如何定位？是作为能源产品进行交易，还是应该把它看成是有利于环境保护的产品去交易，或者作为新型农产品去交易。从国家的角度来讲，生物燃料是否要出口？出口的份额要怎么量定？一系列问题都是不可避免要考虑的，而且针对生物燃料的发展，很多国家也已经制定了相关的政策和战略，这将大大拓展市场需求。基于广阔的市场需求和新能源的发展前景，各个国家或合资企业都把投资目标转向了生物燃料，由此促进了该贸易的增多，但相关问题也随之逐渐显现。

目前，进行生物燃料出口的国家仅有巴西、泰国、马来西亚、印尼、阿根廷，这些国家的产业类型以农业为主，因此制备生物燃料的成本相对较低，做出口贸易也比较有优势。但是，当燃料销往欧美国家时，他们往往会遇到贸易壁垒，这是因为欧美国家会对自己的生物燃料工业进行保护。基于此，上述具有生物燃料出口贸易优势的几个国家，曾联名给欧盟致信，要求取消相关的消极条款。由此，人们推测，随着生物燃料的市场需求不断扩大，投资不断增多，由生物燃料引发的贸易摩擦会进一步增加。

其次，生物燃料作为绿色能源，对改善环境问题究竟有多大的作用？我们知道，种植生物燃料，一方面可以吸收大气中的二氧化碳进行光合作用，对改善大气环境有一定的益处；另一方面，可能也会因此使生物多样性发生改变，对自然环境产生负面的影响。例如，为了发展生物燃料而大面积种植生物质能源作物，如甘蔗、麻风树等，会使农业生态系统变得单一，农业生态系统的多样性遭到破坏。更严重的是，为了追求经济效益而通过砍伐森林换取种植生物燃料的土地，会严重损毁森林生态系统，会造成得不偿失的后果。这样的例子是存在的，如印度尼西亚的发展就是最好的警示。一方面，印度尼西亚在开发生物燃料之前，温室气体排放量排名是在 21 位的，但是在种植生物燃料作物以后，气体排放量排名直接升到第三位，不仅减排的目标没有实现，相反，减排任务越来越重了，造成这一结果的主要原因在于大面积的森林被砍伐。另一方面，生物燃料的生产离不开加工过程，水环境系统在加工过程中也有可能被污染。因此，在生物

燃料被制备的整个过程中，对环境的影响是巨大的。

最后，生物燃料对农业经济的发展影响较大。从开发新能源的角度来看，生物燃料使产业发展得到升级，但是，生物燃料的开发技术尚未获得重要突破，商业化生产也没有大规模的投入，由此给农业经济的发展带来了严重的冲击，人们对此也多了一些争议。此外，能源作物的种植，会给粮食作物的生长带来影响，如减少了粮食作物种植所需的土地、与粮食作物生长所需的水源、肥料、农药等进行竞争，进而威胁粮食安全。除了生物质能源作物取代粮食作物种植能够影响粮食安全以外，在粮食作物周边的空余土地种植能源作物，如麻风树等，依然有可能会影响粮食安全。以印度为例，自从 2003 年开始，印度广泛进行麻风树的种植，一方面该植物可生长于干旱、贫瘠的土地，但在土壤肥沃、灌溉条件良好的环境下会生长得更好。另一方面，该植物能带来的经济效益较粮食作物高，经济回报性较好，因而有更多的人改变了最初的种植范围，不仅限于贫瘠的土地，在土地条件较好的地块也开始种植这种植物，进而导致农产品的价格高涨，促使人们的生活成本提高。

综上所述，虽然我们列举了一些生物燃料让人担忧的问题，但对于该产业是否要继续发展下去，人们的想法是一致的，即要继续发展下去。该产业未来发展的关键，是如何实现可持续发展。

二、生物燃料可持续发展之路

关于生物燃料的可持续发展问题，各个国家和各国际组织均有不同的见解。针对此问题，荷兰提出了六大发展标准："温室气体均衡；和粮食、当地能源供给、医药、建筑材料的竞争；生物多样性；经济繁荣；社会福利；环境"。换句话说，如果生物燃料的发展不能有效减少温室气体的排放，则生物燃料就不宜大力发展；或者如果生物燃料的发展严重影响到了粮食、医药原料、建筑原料等的供应，甚至无法满足能源的供应，生物燃料是不宜被大力开发的；如果生物燃料的种植不利于环境保护，或者破坏了生物多样性，再或者它对经济繁荣没有促进作用、社会福利减少，同样是不能被大力支持和发展的。该标准仅是荷兰国家自己提出的，国际社会对此问题还存在一定的分歧。2008 年 8 月 13 日，联合国环境规划署、瑞士洛桑联邦理工学院、世界经济论坛、世界自然基金会等机构的代表召开"可持续生物燃料圆桌会议"，通过了界定和衡量具有可持续性生物燃料的国际标准草案，探讨了发展生物燃料与保护土地和劳工权利之间的关系以及生物燃料对于生物多样性、土壤污染、水资源以及粮食安全的影响等问题。该草案尚在讨论阶段，但全面考虑，生物燃料的可持续发展与农业、生态、环境、经济、社会等的可持续发展密切相关，出现的问题也比较复杂。

要实现可持续发展，可以从以下几方面着手：①正确认识生物燃料在能源中的定位；②借鉴国外生物燃料发展经验，加大科技创新；③发挥政府的宣传、决策、协调和监管作用；④国际社会要加强生物燃料可持续发展领域的对话与合作。

第二节　生物质及生物质能源

一、生物质概述

（一）什么是生物质

生物质（biomass）是指一种有机物，从树木、农作物、藻类以及其他有机废弃物中获得，被用作燃料或工业用原料。而生物质能是指植物在光合作用的条件下将太阳能转化成化学能，再将化学能在一定技术的作用下转化成的一种新型能源。在化学能转化成生物质能的过程中，化学键会被破坏，由此释放出化学能，同时会生成液体类或气体类的生物燃料。在生物质被应用的过程中会排放二氧化碳，新排放的二氧化碳又会被重新吸收，在光合作用的条件下重新生成生物质，因此，可以避免像化石能源一样产生"温室效应"，而生物质也因此被称为"碳中性"能源。

生物质作为新的可再生性能源，是后化石时代有机碳的唯一来源，同时也是唯一可以制备不同形态燃料的能源，如固体的、液体的、气体的燃料以及电力能源。此外，它还是生产高附加值化学品、替代化石能源的优良能源。按照当量来计算，生物质能源在世界能源总量中占14%，排在它前面的三位分别是煤炭、石油、天然气。我国的生物质资源十分丰富，据《中国可再生能源发展战略研究进展》（中国工程院）论述，目前，每年我国可开发的生物质能源相当于12亿t的标准煤，能源消耗量占全国总消耗量的33%以上，产生的能量是水能的2倍，是风能的3.5倍。

在生物质研究及应用的时间里，收获了极大的关注，其受到关注的原因主要可以归纳为以下几点：①基于现有转化技术的生物质利用成本相对较低，易于普及；②生物质资源分布广泛，储量巨大，且可再生；③碳平衡，环境友好。在技术允许的条件下，将生物质能转化成新的可再生性能源来代替化石能源，不仅可以减轻当前因燃烧化石能源而带来的环境问题，而且从长久发展的角度看，还能解决能源安全问题，实现人类社会可持续发展的战略目标。

（二）生物质的种类与主要有机组分

1. 生物质的种类

按原料来源，生物质主要可分为农业废物、木材及森林工业废物、城市及工业有机废物、畜禽废物、水生植物以及能源作物等。其中能源作物指以能提供制取燃料原料或提供燃料油为目的的栽培植物。

生物质由有机物和无机物两部分组成。无机物包括水和矿物质，无法用于生物质的利用和能量转化。有机物是生物质的主要组成部分，但有机物种类繁多，不易直接测定，一般对其进行元素分析和工业分析。元素分析是指测定生物质中的元素组成，即碳、氢、氧、氮、硫等元素的百分含量。工业分析也称实用分析，分析项目包括水分（W）、灰分（A）、挥发分（V）、固定碳（FC）和热值（HV）。

2. 生物质的主要有机组分

生物质细胞的基本结构包括细胞壁和原生质体两大部分，其中细胞壁为植物细胞外围的一层壁。细胞壁为多糖、糖基化蛋白以及木质素三者相互交联形成的复杂网络结构，其中多糖包括纤维素、半纤维素和果胶质。纤维素以高度结晶的有序结构——微纤丝状态构成细胞壁骨架结构的内核。半纤维素通常具有丰富的分支结构，以非共价的形式与纤维素紧密相连。木质素在木质化过程中形成，存在于细胞壁纤维素骨架结构和半纤维素中，主要以共价形式和半纤维素相连，起加固木质化植物组织、增加植物茎干强度和减少微生物对植物侵害的作用。

细胞壁在合成过程中以片层形式沉积，随着沉积的过程逐渐形成不同的结构层次。如图1-1所示为一种典型的生物质细胞壁形态学结构。典型的细胞壁结构由三部分组成，由外到内分别为胞间层（intercellular layer 或 middle lamella）、初生壁（primary wall）和次生壁（secondary wall），其中次生壁有时又分为外层（S_1）、中层（S_2）和内层（S_3）。胞间层形成最早，为细胞分裂时由果胶质组成的细胞板，其将两个子细胞隔开，较薄，基本为两个细胞共有。胞间层通常和初生壁结合在一起，主要含果胶质和木质素，而纤维素含量较少。在细胞成熟时，胞间层会高度地木质化。初生壁是细胞壁的最终形式，很多细胞只有初生壁。初生壁中多糖含量高达90%，主要为纤维素、半纤维素和果胶质，其中纤维素在细胞膜上合成并定向地交织成网状，而包裹在纤维素骨架之上的半纤维素和果胶质在高尔基体中合成。纤维素形成细胞壁的骨架，半纤维素连接纤维素及非纤维素多聚体，而果胶则为细胞壁作结构支撑。初生壁一般质地柔软，不会木质化，但在老化组织中会存在不同程度的木质化。次生壁主要存在于某些特化的细胞中，如纤维细胞和维管束的木质细胞等，形成于初生壁内侧，次生壁的合成会形成高度木质化的细胞壁结构。不同类型及组织的细胞的次生壁，其成分各有不同，一般来说含较多的纤维素、半纤维素和木质素。

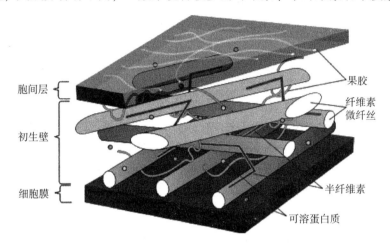

图 1-1　生物质细胞壁的形态学结构

（据肖睿，张会岩，沈德魁，生物质选择性热解制备液体燃料于化学品，2015 年）

　　一般而言，生物质主要由纤维素、半纤维素和木质素三大组分以及少量的灰分和抽提物构成。这三种主要组分在不同的生物质中以及生物质的不同生长阶段，三者比例是动态变化的。通常来说，典型的生物质三者含量为：35%~50%的纤维素，20%~30%的半纤维素和 20%~30%的木质素。美国国家可再生能源实验室（National Renewable Energy Laboratory，NREL）给出了测定生物质中三大组分及抽提物等物质含量的标准方法。

　　（1）纤维素。纤维素是植物细胞壁的主要成分，是自然界中含量最多的多糖。一般来说，纤维素是三大组分中含量最多的组分，占植物界碳含量的 50%以上。木材中的纤维素含量为 40%~50%，而棉花中的纤维素含量则接近 100%。纤维素一般是不纯的多相固体，常常伴生着半纤维素和木质素。纤维素是造纸的主要原料，制浆工艺通过亚硫酸盐溶液或碱溶液蒸煮生物质以除去木质素，或通过乙醇溶液等有机溶剂溶出木质素。

　　纤维素一般由 300~15000 个 D2 吡喃葡萄糖环通过 β-1,4-糖苷键连接而成，相对分子质量为 50000~2500000，是结构相对简单、单一的线形高聚物，分子式为 $(C_6H_{10}O_5)_n$。每个葡萄糖基环上均有 3 个羟基，其中 C6 位为伯醇羟基，而 C2 和 C3 为仲醇羟基，可发生氧化、酯化、醚化和接枝共聚等反应。由于纤维素葡萄糖基环上极性很强的—OH 基团中的氢原子，和另一基团上电负性很强的氧原子上的孤对电子很容易相互吸引，纤维素大分子之间、纤维素和水分子之间、纤维素大分子内部形成了大量的氢键。

常温下，纤维素不溶于水、乙醇、乙醚等有机溶剂。由于分子间存在大量氢键，纤维素在低温时较稳定，但超过 150℃时会由于脱水而逐渐焦化。在较强的无机酸作用下，纤维素会水解生成葡萄糖等产物。

（2）半纤维素。半纤维素是一种可溶于碱的、附于细胞壁上的多聚糖类物质。半纤维素这一名词最早由 E. Schulze 于 1891 年提出，当时认为这些多聚糖是纤维素的前驱物。现在，半纤维素一般指细胞壁中除纤维素以外的非淀粉类多聚糖，也是部分文献中所指的 polyoses。

半纤维素结构复杂，不同来源的半纤维素成分各不相同，由不同的单糖糖基通过糖苷键连接，其主要糖基有五碳糖（β-D-木糖、α-L-阿拉伯糖）、六碳糖（β-D-葡萄糖、α-D-半乳糖、β-D-甘露糖等）以及糖醛酸（α-D-葡萄糖醛酸、α-D-4-O-甲基葡萄糖醛酸和 α-D-半乳糖醛酸）。半纤维素以非共价键连接在一起，附着于纤维素微纤丝的表面，并通过氢键将微纤丝交联成复杂的网格。天然的半纤维素为非结晶态，相对分子质量低，且多分支，平均聚合度通常为 80~100。这些性质决定了半纤维素的化学稳定性及热稳定性比纤维素弱。

半纤维素从结构上一般可分为四大类：木聚糖、聚甘露糖、木聚糖葡萄糖和聚混合 β-葡萄糖。不同生物质中所含的半纤维素量不同，而且半纤维素所含的单糖类及其含量也各有不同。一般来说，针叶木有较高的甘露糖单元和较多的半乳糖，阔叶木含较多的部分乙酰化的酸性木聚糖，禾本科植物则以 β-D-吡喃木糖为主链，其主链常常有分支与其他配糖单元连接。

木聚糖主要由木糖构成，单木糖中仅有木糖，而木聚糖中还包括聚葡萄糖醛酸木糖、聚阿拉伯糖葡萄糖醛酸木糖、聚葡萄糖醛酸阿拉伯糖木糖、聚阿拉伯糖木糖和复合杂聚糖等。聚糖的平均聚合度与生物质来源和分离方法有关，一般为 100~200。阔叶木中的半纤维素主要是聚 4-(O)-甲基-D-葡萄糖醛酸-D-木糖，一般每 10 个木糖含有 1 个糖醛酸基支链。阔叶木木聚糖中的很多 C2、C3 位上的—OH 都被乙酰化。相比较而言，针叶木木聚糖中则几乎不含乙酰基，而有较多由阿拉伯呋喃糖单元组成的支链通过 α-(1-3)-糖苷键与主链相连接。禾本科植物的木聚糖中，大麦含阿拉伯糖-4-(O)-甲基葡萄糖醛酸木糖以及半乳糖单元，竹材中除阿拉伯糖-4-O-甲基葡萄糖醛酸木糖外，还有乙酰化的半乳糖单元及4-(O)-甲基葡萄糖醛酸单元的存在，因而有学者将竹材中木聚糖称为介于针叶木木聚糖和阔叶木木聚糖之间的木聚糖。

聚甘露糖主要存在于针叶木中，一般可占20%~25%，而在阔叶木中仅为3%~5%。聚甘露糖以葡萄糖和甘露糖通过β-(1-4)-糖苷键连接构成非均聚合物的主链，因此也可称为葡萄糖甘露糖。阔叶木聚甘露糖中的侧链较少，而针叶木聚甘露糖中含有较多的乙酰基和半乳糖等支链。阔叶木聚甘露糖中，甘露糖与葡萄糖的物质的量之比为1.5：1~2：1，其中桦木中达到1：1，糖枫木中的比例则高达2.3：1。针叶木聚甘露糖中，甘露糖与葡萄糖的比例约为3：1。针叶木中半乳糖的含量与分离方法有很大关系，水溶性聚甘露糖的三大组分比例为3：1：1（甘露糖：葡萄糖：半乳糖），而碱液提取的聚甘露糖中三大组分比例则为3：1：0.2（甘露糖：葡萄糖：半乳糖）。聚甘露糖的平均聚合度为60~70。

（3）木质素。木质素是主要由三类苯基丙烷类结构单元（愈创木酚结构单元、紫丁香结构单元、对羟基苯结构单元）通过醚键及碳碳键连接形成的复杂高分子酚类聚合物，具备多种活性官能团，是制备能源原料、精细化学品、建材等多种工业品的优良原料。木质素大多分布于木质部的管状分子和纤维、厚壁细胞、厚角细胞、特定类型表皮细胞的次生细胞壁中。一般而言，胞间层的木质素浓度最高，细胞内部浓度较小，次生壁内层浓度则又较高。木质素与半纤维素一样，都是组成细胞间质的结构，穿插于微纤维当中，使细胞壁的坚固度增强；木质素还分布于细胞间层，连接相邻的细胞。

木质素的结构不是统一的，也不是固定的，它受多种因素的影响。不同种类的生物质，其木质素的结构有所不同；在同一种生物质中，木质素的结构也不是统一的，如不同部位之间的木质素结构就有所不同，且针对同一部位来说，在不同位置的结构也不同；木质素在生物质的不同生长期间，其结构会随之发生改变。此外，在将木质素从生物质中分离出来的时候，分离方法也会对生物质的结构产生影响，分离会导致其结构发生化学变化，与生物质中原本的木质素产生结构上的差异。

木质素结构之间的差异，根源在于木质素的基本结构单元不同。该不同的结构单元经过自由基耦合反应将木质素前驱体连接起来，形成对羟基苯结构单元（p-hydroxy- phenyl lignin，H-木质素）、愈创木基结构单元（guaiacyl lignin，G-木质素）和紫丁香基结构单元（syringyl lignin，S-木质素）三类基本结构单元，连接方式主要有醚键和碳碳键。所以，单体种类不同、连接方式不同、单体比例不同，最终导致木质素形成了千差万别的结构类型。

不同类型的木质素的基本构成单元种类不同，其中，针叶木木质素由G-木质素这一种结构单元构成，而阔叶木木质素由S-木质素和G-木质素两种结构单元构成，禾本科木质素的结构构成单元则包括上述三种基本结构单元。

木质素结构中包含多种化学官能团，如甲氧基、羟基、羰基等，这些官能团在生物质中的分布受生物质本身的影响而呈现出一定的差异，且对木质素进行分离的时候，分离方法也会对其官能团分布有所影响。甲氧基一般较为稳定，即使在500℃的高温裂解产物中，甲氧基的断裂也较少，因而有学者采用500℃的闪速裂解来快速判断木质素中的三类结构单元比例。

三类结构单元通过化学键相连，构成大分子量的木质素，其中类型最多的化学键为β-O-4连接键，其分布随生物质来源不同而不同，但多数在40%以上，在山毛榉木中达到65%。β-O-4键的键能较低，解离所需要的能量较小，所以在酸性或碱性条件下提取木质素时，更容易发生水解反应，致使被提取出来的木质素含有少量的该化学键，进一步降低了木质素的相对分子质量。

木质素的溶解性非常差，既不溶于水，也不溶于任何溶剂。但是在木质素提取的过程中，因其物理性质会发生变化，导致它的溶解性发生改变。另外，木质素是否能溶解于溶剂中，与溶剂的溶解性参数和形成氢键能力的强弱有关。因为木质素结构中含有酚羟基和羧基等基团，所以其在强碱性溶液中能够溶解；有机溶木质素可溶解于众多溶剂的水溶液中，这类溶剂有二氧六环、吡啶、甲醇、乙醇、丙酮等；碱木质素一般溶解于碱性溶液中，但酸木质素几乎与所有的溶剂都不相溶。木质素的稳定性随温度变化，低温时较稳定，当温度慢慢升高，木质素逐渐分解，当温度达到200℃时，其中的醚键发生断裂。

（4）木质素—碳水化合物复合体。生物质中的部分木质素的一些结构单元，与半纤维素和纤维素中的某些糖基通过化学键连接，形成了木质素—碳水化合物复合体（lignin-carbohydrate complex，LCC）。不同生物质中的木质素—碳水化合物复合体以不同结构形式存在，这些复合体给生物质组分的分离、制浆和漂白带来很大困难。以前，对于木质素—碳水化合物复合体的研究大多是基于湿法化学和模型化合物，获得的结构信息有限。近年来，随着仪器科学的发展，学者们逐渐采用先进的红外、核磁等光谱方法对木质素—碳水化合物复合体的结构进行研究。其中核磁技术，尤其

是 ^{13}C NMR 和 2D NMR（二维核磁），具有较高的分辨率，可以给出大量的重要结构信息。研究表明，在制浆过程中，经过蒸煮，部分木质素—碳水化合物复合体溶解出来，而部分木质素—碳水化合物复合体仍残留于纸浆中，而且会有新的木质素—碳水化合物复合体形成。有研究指出，在制浆中，与木糖相连的木质素大量降解，而与葡甘聚糖相连的木质素则发生了部分缩合反应，形成了相对分子质量更大的物质。

木质素—碳水化合物复合体之间的连接方式主要有糖苷键连接、醚键连接、酯键连接及缩醛键连接等。糖苷键是指木质素结构单元的酚羟基与半纤维素糖基上的苷羟基形成的连接键。醚键连接主要是木质素侧链 α-碳原子与半纤维素糖基上的碳原子形成 α-醚键。有两种醚键形式存在，第一种是木糖基的 C2 或 C3 上的—OH 与木质素结构单元形成 α-醚键；另一种是半纤维素的半乳糖基上 C6 的—OH 或五环阿拉伯糖基 C5 上的—OH 与木质素结构单元形成的 α-醚键。酯键有糖醛酸苯甲酯、对香豆酸酯和阿魏酸酯三种。糖醛酸苯甲酯是指半纤维素中的 4-(O)-甲基葡萄糖醛酸的—COOH 与木质素结构单元的 α-碳原子形成酯键连接。由于阔叶木和非木材植物的半纤维素含较多 4-(O)-甲基葡萄糖醛酸，所以这些植物的木质素-碳水化合物复合体中，有较多的糖醛酸苯甲酯键连接，如果半纤维素中的 4-(O)-甲基葡萄糖醛酸基已与木糖基形成酯键连接，与木质素之间就不会形成酯键，只有形成醚键连接。木质素中的对香豆酸和阿魏酸，一部分与相邻木质素结构单元形成了酯键，另一部分可以与半纤维素的糖基形成酯键连接的木质素—碳水化合物复合体。缩醛键是指木质素结构单元 γ-碳原子上的醛基与半纤维素聚糖的游离—OH 之间形成的键。

二、生物质能源概述

（一）什么是生物质能源

生物质能源是一种可再生性的能源，通常以生物质作为载体，将太阳能转化成化学能储存在生物质中。或者说，生物质能源是太阳能被利用的另一种形式，即生物质作物进行光合作用以后，再利用技术将光合作用产生的能量转化为可用的燃料。在能源工作者看来，生物质能源才是真正意义上的可再生能源，储量之多，用之源源不断，完全超越了化石能源的储量。可以说，生物质能源是化石能源存在的根本，因为化石能源的形成是以生物质为基础来转化的。

（二）生物质能源的特点和分类

生物质能源作为近几年研究的热点能源，其具有的优势是不可否认的，如可再生性、清洁性等，但它还存在一定的缺点，需要人们进一步研究克服，如分布不均衡等。

1. 生物质能源的优点

与其他新能源的利用相比，生物质能源在技术上的应用难题较少；与化石能源相比，生物质能源是可再生的，且对环境友好，原材料易于获得且经济性好。所以，总的来说就是生物质能源在地球上的储量巨大，廉价易得，开发利用较容易，应用范围较广。

2. 生物质能源的缺点

虽然生物质能源储量丰富，但是分布却是分散的，对其进行利用时，需要投入较高的成本，如收集、运输、预处理等费用；同时，不同种类的生物质能源分布不均衡，也会导致与农林业资源使用的不协调。所以，就目前对生物质能源的利用来说，还是以小规模为主的，这就使得资源无法被规划，不能合理利用。除上述利用缺点以外，生物质的含水量大也是一个因素，导致生物质能源的燃烧值和热裂解性较低。

3. 生物质能源的分类

广义上来说，生物质能源是指除矿物燃料以外的、来源于动植物中的能源，主要包括植物、木材、林业/农业废弃物、工业有机废弃物和动物粪便等。按照来源分类，可将其分为五类：农业/林业资源、工业有机废水、生活污水、城市固体废弃物以及畜禽粪便。在这五种类型中，目前应用广泛、应用技术相对成熟的是农林业资源，同时它也是最主要的生物质能源。

（三）生物质能源的利用

目前，生物质的利用技术主要有两种，即热化学转化技术和生物化学转化技术。这两种技术又可细分为其他类型的技术，具体的划分类型如下。如图 1-2 所示为主要的生物质利用技术及各转化技术的主要产物。

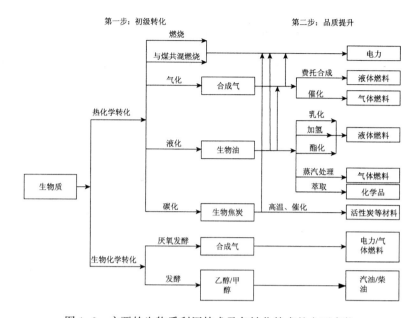

图 1-2　主要的生物质利用技术及各转化技术的主要产物

（据肖睿，张会岩，沈德魁，生物质选择性热解制备液体燃料于化学品，2015 年）

1. 燃烧发电技术

生物质可直接燃烧，用于提供热能和发电。与煤相比，生物质含碳少而含氧多，挥发分多，能量密度较小，因此相同能量需求的生物质体积大，这对存储和运输方面提出了要求。而且生物质来源复杂，不同生物质的特性不同，因此为了燃烧过程的稳定，对空气供给、燃烧室形状及容积和燃料添加等因素也有新的要求。生物质燃烧技术是目前最成熟、最简便可行的技术之一。

生物质燃烧过程也可分为不同的阶段，其基本与煤的燃烧过程一致，即干燥阶段、挥发分燃烧阶段、焦炭燃烧阶段。具体过程为：在温度达到100℃以上时，进入干燥阶段；当温度再继续上升时，生物质开始发生分解，产生的挥发分与空气混合，此时温度和浓度满足燃烧的条件以后，进入挥发分燃烧阶段；待该阶段燃烧充分以后，进入焦炭燃烧的阶段。由于生物质中含的固定碳成分较少，所以燃烧所产生的热量以挥发分燃烧产生的热量为主，可占总热量的70%左右。

按照燃烧方式的不同，生物质燃烧锅炉可分为层燃锅炉和流化床锅炉。层燃技术具体又包括固定床、运动排炉、振动排炉、旋转排炉等，适用于含水量高、颗粒尺寸变化较大、灰分含量高的生物质燃烧，具有操作简单，初投资和运行成本低的优点，但额定功率较小，一般低于 20MW。流化床燃烧技术对燃料的适应性强，并可降低尾气中硫、氮氧化物等有害气体的量，是一种清洁燃烧技术。

生物质燃烧技术虽然比煤燃烧技术有更让人易于接受的优势，但仍然存在着一定的问题。第一，就是生物质收集、运输及储存方面的问题，而这实际上是所有生物质能利用技术的共同瓶颈问题。产生这一问题的根源在于生物质能源分布比较分散，且具有区域性和季节性。在生物质发电项目建设时，应合理规划布局，根据资源储量及分布，不仅要对生物质资源进行规划，还要对电厂的规模进行合理的规划。第二，燃烧导致有害气体的排放问题，常见的有害物质包括颗粒物（烟灰、焦油）、CO、碳氢化合物、氮氧化物等。第三，K、Si、Ca 和 Mg 等的存在会导致生物质燃烧后的灰分结渣，同时其含有的 Cl 元素也会加快锅炉的腐蚀，并形成熔融残渣，会减少设备的使用寿命。

2. 生物质气化技术

生物质气化是指在一定的热力学条件下，生物质借助于空气部分（或者氧气）、水蒸气的作用，在高温下（700～900℃）使高聚物发生热解、氧化、还原重整反应，最终转化为 CO、H_2 和低分子烃类（如 CH_4）等可燃气体的过程。生物质原料由纤维素、半纤维素、木质素等组成，含氧量和挥发分都非常高，活性好，气化过程利于进行。

生物质气化包含不同的过程阶段，有物理的过程（如原料干燥）和化学的过程（如热分解反应、氧化及还原反应）。首先，物理过程为第一阶段，即生物质进入设备后先被干燥，在温度逐渐上升的过程中，进入分解反应阶段，产生挥发分。其次，挥发分与焦炭在与空气中的氧分、水蒸气等接触后，发生氧化反应和燃烧。最后，再利用氧化燃烧放出的热量继续用于干燥、热解和还原反应，生成可燃的混合气体 CO、H_2、CH_4、C_nH_m，对可燃的混合性气体进行纯化、除杂和除焦油，即可获得可燃气或直接用于发电作业。

在整个过程中，第二阶段是关键的阶段，反应发生的场所是气化炉，所以它是整个气化技术的主要设备。气化炉可根据其运行方式分类，分为三种：固定床、流化床、旋转床。目前，多数用的是固定床式的和流化床式的气化炉，而固定床气化炉又可进一步细分，有上吸式和下吸式固定床气化炉，而流化床气化炉又可分为鼓泡床气化炉、循环流化床气化炉、双流化床气化炉和携带床气化炉。

生物质气化技术也存在一些问题。首先，气化效率偏低，燃气中焦油含量较高，燃气质量较差。其次，气化设备在应用过程中的适应性较差，易结焦；气化炉对原料中所含的水分、灰分、热值敏感，它们的变化会对气化炉产生影响；而生物质原料特性的不稳定性正是首要解决的问题。最后，由于中国尚未有专门针对生物质燃气的内燃机组，生物质气化所制备的燃气经常和常规燃烧设备匹配不规范，引起发电效率和系统的可靠性差等问题。

3. 生物质热解技术

生物质热解主要有两种类型：慢速热解和快速热解。前者的应用以制备生物炭（bio-char）为主要目的，条件为：低温、高加热速率、停留时间长；后者的应用主要以制备生物油为主要目的，条件为：无氧、中等温度（400~600℃）、高加热速率（>1000℃/s）、快速冷凝，发生的化学变化为热裂解。

该技术应用虽然比前两种技术起步晚，但发展得非常迅速，来自全世界各地的能源研究者给予了其较高的关注度。采用快速热解法对生物质进行工艺处理的过程中，其中间能量载体为生物油，其优点为能量密度高，运输便利。所以，在该技术下，生物质可以被分步进行转化和利用。

该技术工艺的处理流程为：原料预处理、热解、产物分离、产物收集。其中，原料预处理是指对原料进行干燥和粉碎，干燥的目的是控制原料的含水量在10%以下，而粉碎是为了使其粒径被控制在一定范围内，增加传热效果，使热解达到较高效率。在快速高温下，生物质发生裂解，产物为生物油、不冷凝气体、焦炭。虽然产物总体上分为这三个类别，但每一个产物类别的成分是极其复杂的，因而对生物质热解的机理探究变得很困难。

关于生物质热解机理研究的常用思路为分别考查生物质中三大组分的热解机理，然后考查三大组分两两混合时的相互作用机理，进而最终研究三大组分的相互作用乃至整个生物质的热解机理。

近几年，我国在生物质研究方面取得了非常大的进步，热解技术的开发也得到了快速发展，但在技术应用方面，仍然有一些问题需要解决。一是关于生物质的品质问题。生物油中包含的有机物组分非常多，十分复杂，目前可被检测出的物质已有300种以上。另一方面，是其仍含有较高的含水量，含氧量、固体颗粒等较多，且酸性较强、热值低、热稳定性差等缺点。为了从根本上解决理化性质差的问题，必须通过适当的提质方法改变生物油的组分。生物油催化加氢和催化热解是目前主要采用的提质方法。

4. 生物质碳化技术

生物质碳化技术是指利用农业、林业等的废弃物以及能源植物等为原料，经过一系列的物理化学手段将其转化为化石能源的替代品，以弥补化石资源匮乏的局面。在生物质内部，碳元素含量十分丰富，因此而成为制备碳材料的原材料，进而使生物质制取活性炭和生物质碳纤维成为研究的热点。

我国活性炭产业发展迅速，生产和出口规模不断增大，已成为世界上最大的活性炭生产国和出口国。生物质制取活性炭的制备方法主要有物理法和化学法。前者的处理特点是先把原材料碳化，再在其他条件下对其进行活化，是步骤分开的两个明显的阶段。具体活化条件为：水蒸气、空气、CO_2、烟道气，温度：700~1100℃，其流程如图1-3所示。

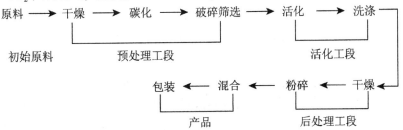

图1-3　物理法制备活性炭的一般流程图

（据肖睿，张会岩，沈德魁，生物质选择性热解制备液体燃料与化学品，2015年）

化学法是碳化与活化一同进行的，具体条件为：在原料中加入化学药品，在惰性气体环境下加热，发生碳化和活化的过程。其流程如图1-4所示。

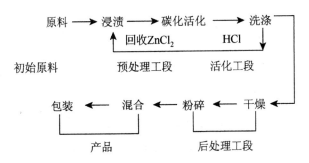

图1-4　化学法制备活性炭的一般流程图

（据肖睿，张会岩，沈德魁，生物质选择性热解制备液体燃料与化学品，2015年）

木质纤维素类的生物质原料与传统的煤原料在制取活性炭方面，前者的原料来源主要是农林、工业的废弃物，所以原料十分丰富，且价格相对低廉。而且木质纤维素材料具有碳含量高和灰分低的优点，是优良的活性炭原料，木质纤维素类原材料的天然结构有利于制得微孔发达、高比表面积的活性炭。虽然利用生物质制备活性炭的优点有很多，但其作为一个新的研究方向和工艺，也不可避免地存在缺点，因此生物质活性炭在产品质量、制造技术方面仍有待提高。

5. 生物质制备燃料乙醇技术

制取燃料乙醇的原料主要有三种：糖原料、淀粉原料和纤维原料。其中纤维原料主要组分是纤维素、半纤维素和木质纤维素类生物质原料，包括木材、农林废弃物等。能够用于生产燃料乙醇的原料有很多，如糖类和淀粉、甘蔗和玉米等，但因为前两者可以作为人类食用的物质，为避免竞争问题，所以目前燃料乙醇主要来自甘蔗和玉米。但是以玉米等粮食作物来制取燃料乙醇，原料成本占生产成本的40%以上，生产厂家几乎全部依靠政府补贴才能得以维系，长远看来是没有生命力的。与之相比较，具有资源优势的生物质原料的成本就低得多了，且来源丰富，不仅可以广泛应用农林废弃物来制备乙醇燃料，还对改善环境有很好的促进作用。因此，利用木质纤维素类的生物质原料来生产燃料乙醇，是具有重大意义的一项工程。

以木质纤维素等生物质为原料来生产乙醇燃料，工艺过程比较复杂，具体如图1-5所示。在图1-5所示的工艺流程中，比较关键的技术是水解和发酵，同时这两个工艺在技术上也是比较难突破的。

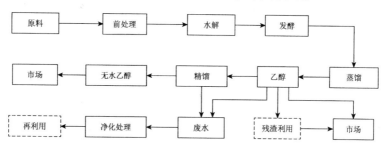

图1-5　纤维素原料发酵法生产燃料乙醇的一般工艺流程

（据肖睿，张会岩，沈德魁，生物质选择性热解制备液体燃料于化学品，2015 年）

目前我国对燃料乙醇工业的研究发展迅速，国内多家企业和科研单位对该工业投入了大量的人力和物力进行研究，使得我国的燃料乙醇工业有了很大发展，特别是粮食乙醇工业，但是与发达国家的先进水平还有一定差距。因此，我们要合理利用自己的优势，充分发展我国的纤维素燃料乙醇工业，为节能减排以及国家能源安全做出贡献。

6. 生物质厌氧发酵技术

生物质厌氧发酵技术在我国利用的情况是较多的，其发酵原料基本为动物粪便、秸秆、有机废水等，氧气条件为厌氧，促进发酵的条件为厌氧细菌进行发酵作用，产物是一种混合有 CH_4 和 CO_2 气体的混合气，以 CH_4 为主成分。关于厌氧发酵技术的应用，截至 2010 年底，我国使用沼气的用户已达到 4000 万户以上；具有一定规模的沼气工程也达到了 5.6 万个以上，总的沼气池容量超过 714.9 万 m^3，沼气的产量超过了 9.1 亿 m^3/a。其中，新增建的大、中、小型沼气工程数量以及生活污水净化沼气池数量分别为 931 处、5986 处、10073 处、2.32 万处。新增后的生活污水净化沼气池总数超过 18.69 万个，年发电量达到 10289.35 万 kW·h。但是，与我国生物质资源的量相比，沼气的应用及生产能力还显得不足，品质也达不到要求，能源的利用还不够充分。但是能源短缺的压力将促使中国农村沼气建设继续发展，生态环境保护的压力也将促使政府继续增加对沼气建设的投资，同时规模化畜禽养殖业的快速发展也会促使中国沼气工程快速增长。

第三节 生物质能的有效利用及现况

一、我国生物质资源概况

根据对秸秆资源进行的全国范围内的调查显示，我国的秸秆资源在理论上有 8.2 亿 t，其中可收集的量有 6.87 亿 t，秸秆未利用资源量为 2.15 亿 t；薪柴的实物量保守估计为 1.55 亿 t，折合 1.1 亿 t 标准煤；粪便实物量为 14.7 亿 t，可开发量为 9.4 亿 t，折合约 0.33 亿 t 标准煤。目前全国城市生活垃圾累计堆积量已达 70 亿 t，占地约 80 多万亩，我国工业每年排放有机废水总量达到 43.7 亿 t。

总的来说，生物质技术发展的趋势为：第一，转变以传统的生物质废弃物为主要原料的方式，把注意力转移到选育和培育新型资源方面，实现新型资源的规模化发展；第二，在生物燃料开发与培育的各个阶段，要始终把低成本高效转化技术和对产品的高值利用放在发展的核心位置；第三，要加大技术开发力度，对生物质全链条进行综合利用，因为这是实现生物质高效利用、绿色发展的最有效方式。

从当前我国对生物质能源的开发与利用情况看，发展已经有了一定的规模，也积累了相当不错的经验，但通过对此各领域的技术发展发现，各领域技术发展水平还存在参差不齐的情况。例如，对某些生物质资源的开发利用已经实现了产业化，如农村地区的沼气使用、秸秆发电技术等；还有些正处于商业化发展的初级阶段，如生物质发电、成型燃料的生产与利用等；还有些未被完全开发的、新兴的生物质能技术，处于技术研究的初级阶段。

二、技术发展现状

生物质能源技术可根据不同的标准进行分类，如按照产品分类、按照转化方式分类等。生物质能源涉及的范围广，系统相对也十分复杂，具体的分类结果如下（图1-6）。

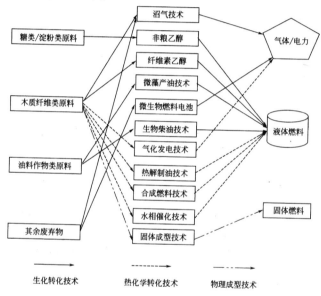

图1-6　生物质能源技术示意

（据袁振宏，生物质能高效利用技术，2014年）

通过我国对沼气技术的多年研究与改进，现已经进入沼气利用的成熟阶段，在国际上也处于领先地位；规模化沼气技术发展同样也进入了成熟阶段，可实现产业化生产。目前，我国的技术发展水平较高，可对不同性质的生物质原料进行相应的工艺设计。尤其在工艺设计方面，有四项研究已经达到了国际先进水平，即对生物厌氧发酵机理的研究、针对不同原料的高效发酵工艺、沼气产气率以及COD除去率。在设备配套方面，由我国自主研发和生产的设备已经形成了系列化产品，且技术手段已经成熟。关于生物质资源的综合利用，在我国也已经形成了以沼气为连接枢纽的高效生态农业生产模式。

在我国，早期的乙醇生产主要以粮食作为原材料，而现阶段生产燃料乙醇的材料主要有甘蔗、浮萍、甜高粱、木薯以及纤维质原料等，且技术水平尚未成熟，目前属于中试阶段。此外，我国在以木质纤维素为原料生产燃料乙醇方面，技术进程仍属于研发阶段和初步示范阶段。该工程项目的实施早在 1991 年就已经着手开始了，在之后的几年里，在燃料乙醇开发方面，我国又先后开发了其他工艺技术，如浓酸水解、双酸水解、酶水解等众多工艺技术。木质纤维素原料生产乙醇的最大难点在于原料的水解工艺，目前仍然没有找到较好的方法攻克它，所以，照目前的技术发展水平看，以此为原料制备乙醇还需要至少 5 年的时间才能看到明朗的前景。

生物柴油生产技术在我国发展已经相当成熟，工业生产方法以化学均相催化技术为主，生产方式是间歇式的，或者称为半连续式的。生物柴油的生产工艺虽然简单，但仍然存在一些问题亟待解决，如生产过程中需要消耗较高能量，"三废"排放无法降低等。针对此类技术难题，我国各个研究机构进行了大量研究，在此基础上取得了相当不错的科研成果，其中拥有自主知识产权的科研成果有酶法生物柴油生产技术、生物柴油清洁生产新技术。

微生物燃料电池（micro-bial fuel cell，MFC）就是一种以微生物为催化剂将有机物中储存的化学能转化成电能而被进一步利用的装置。整个过程体系的原理为：在电池的阳极，在厌氧环境中微生物作用于有机物并使其分解释放电子和质子，电子通过一定的介质穿梭在生物组分与阳极之间，完成这一部分的传递，再在外电路与阴极连接良好的条件下形成电流，在这个过程中，质子通过质子交换膜进入阴极，氧化剂此时在阴极得到电子而被还原，并与质子相结合生成水。

微生物燃料电池并不是在最近几年被人们研发出来的新型成果，而是在 20 世纪 70 年代就已经被提出来了，并且在 1991 年已经被成功地应用于家庭污水处理当中。随着该技术的进一步研发，无论是国外还是国内，MFC 技术发展始终处于初期阶段，当前研究的核心问题仍然以单个 MFC 生物学和电极材料等为主。

与其他技术概念相比较来说，水相重整制取烷烃是较新的概念，这一概念于 2002 年被首次提出，并且作为最具发展前景的生物质能源技术而得到人们的青睐。目前，国内外在该项技术的研发方面并没有拉开太大的差距。我国在该项技术领域中取得了一定的突破，在"生物质高效水解制取生物汽油和丁醇新技术"中，将五碳糖和六碳糖转化成以 C5 和 C6 烷烃为主要产物的生物汽油，糖的总碳转化率在 85% 以上，生物汽油的选择性在 80%~90% 之间。

我国在生物质固体成型燃料方面的研发与应用已经取得了阶段性的重大进步，从技术发展成熟度和技术转化情况方面看，可将我国在该领域的发展分成四个阶段，即研发、示范、推广和产业化（图 1-7）。从图 1-7 中可以清楚地看到，沼气技术和固体成型燃料技术已经进入产业化发展的成熟阶段了；此外，生物柴油和气化发电技术也已经发展到了产业化发展的初期阶段；合成燃料技术尚在推广阶段；另外，还有四项能源开发技术处于示范阶段，分别是生物热解油、非粮乙醇、纤维素乙醇、水相重整；另外还有两项处于研发阶段，即微生物燃料电池、微藻产油等技术。

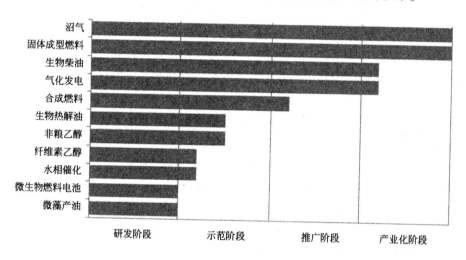

图 1-7　生物质能源技术发展阶段

（据袁振宏，生物质能高效利用技术，2014 年）

三、产业发展现状

（一）沼气

根据相关部门的统计，2010 年全年，我国的沼气总量为 3000 亿 m³，全部用量为 142.3 亿 m³/a，将其折合成煤用量，相当于 2500 万 t 的煤；可向大气中减少排放至少 5000 万 t 的二氧化碳。另外，我国已经建成的规模不等的沼气工程约 7.3 万处，其中较大型的沼气工程约 0.50 万处，中型的约有 2.3 万处，小型的占 4.5 万处以上。用于生活污水处理的沼气工程大约有 19.16 万处，农村地区应用沼气的用户相对较少，总数在 0.38 万户以上，总受益人口近 1.5 亿人。

在我国范围内，最大型的养殖废弃物沼气工程是位于山东的民和牧业沼气工程，每天产生的沼气总量为 3.5 万 m^3，配套发电机的装机容量为 3MW；除此之外，我国还有一个大型的沼气工程——工业废水废渣沼气工程，隶属于天冠集团。该沼气工程每天可产生沼气 50 万 m^3，与之配套生产使用的项目有年利用 9000 万 m^3 沼气的热电联产、年利用 3000 万 m^3 沼气的车用燃气、年利用 3000 万 m^3 的民用管道燃气项目。随着车用（或管道）天然气项目的投入与生产，我国的沼气产业将得到进一步发展，即将迈入高值化利用时代。

（二）气化发电

截至 2010 年 6 月底，国内各级政府核准的各类生物质发电项目累计超过了 170 个，总装机规模由 2006 年的 140 万 kW 增加到 2010 年的 550 万 kW，其中农林生物质发电 400 万 kW，垃圾发电 70 万 kW，沼气发电 80 万 kW。已经有超过 50 个生物质发电项目实现了并网发电，发电装机容量达到 200 万 kW 以上。2006—2010 年，生物质发电的投资总额由 168 亿元增加到 586 亿元。虽然生物质发电的增长速度逐年下滑，但仍然处于非常高的水平。

我国利用生物质能气化发电的产业发展呈现一定的区域性，大部分位于华东地区，尤以江苏和山东最多，投入生产使用的电厂总数分别占全国总数的 19.5% 和 22.0%。到 2009 年末，华东地区的装机容量占全国总装机容量的 49%；排在第二位的是中南地区，占全国总装机容量的 22.0%；排在第三位的是东北地区，约 15.0%；然后是华北地区和西南、西北地区，分别占全国总装机容量的 8.0% 和 3.0%。

（三）燃料乙醇

2005 年，我国生产了 92 万 t 燃料乙醇，仅次于巴西、美国，成了第三大乙醇燃料的生产国和应用国。

2006 年，燃料乙醇的生产已经超过 130 万 t，在部分地区可以实现用车用乙醇燃料来代替普通无铅汽油。

2008 年，由国家认定的四大燃料乙醇公司（分布在河南、安徽、吉林、黑龙江四省）以玉米和小麦为原料，生产乙醇总量超过了 150 万 t/a。根据国家的 10.0% 的添加标准，在我国的 9 个省市及地区展开车用乙醇汽油的燃料销售。

（四）生物柴油

虽然我国生物柴油项目的开发技术已经成熟，但实现产业化发展的较少。据统计，截至 2003 年末，该技术产业的企业建立仅有 5 家，生产能力在 9 万 t/a，年产量在 4 万 t 以上；生物柴油的原材料也基本是餐饮和食品企业产生的废弃油回收而来。

在众多省市中，生物柴油发展趋势较好的地区主要有福建、山东、河北、河南、广东、江苏等。

从产能产量的角度来看，生物柴油行业应该具有一定规模的，但受现实条件的影响，如原料资源不足、原料价格偏高、部分企业技术水平有限等，使大部分生产企业遭遇营利难题。导致很多企业都陷入部分停产或完全停产的状态，进而导致整个行业陷入困境。

（五）固体成型燃料

我国生物质固化成型燃料行业起步较晚，用于生产的原料也以农业剩余物为主。在最近几年，生物质固化成型燃料无论是在技术改进方面还是在配套设配的研发、发展标准和配套服务体系方面，都有了明显的进步，在生产和应用上也都形成了一定的规模，搭建起了完整的产业链。

我国已经建成了 680 多个固体成型燃料生产厂，其中产量在万吨以上的厂家有近 100 个，成型燃料的年产量超过 350 万 t，压块燃料的产量为 150~200 万 t/a，主要应用的方向是农村地区的取暖和炊事生活，还可用于对工业锅炉的供热等。秸秆燃料厂的分布大多在农作物丰富的地区，如华北、华中、东北等；而木质颗粒燃烧厂则大多分布于华东、华南、东北和内蒙古等地。

第四节　　生物资源应用的前景与挑战

随着全世界各国的生产、生活等水平的提高，能源总消耗量也在持续增长。就我国的能源消耗来说，也是呈增长趋势的。据 2000 年的石油能源探测发现，我国能够明确的储量为 30 亿~40 亿 t，仅占世界石油总储量的 2%，按照 2000 年一年的石油开采量计算，到 2020 年，我国的石油资源基本为零了。除了石油资源是我国面临的一个大问题外，原油的产量与需求也是一大难题。2000 年，我国的原油产量为 1.62 亿 t，为了平衡市场需求，需要进口实际加工的原油的 1/3，即 7500 万 t。我国除了石油能源方面存在供应不足的情况以外，电力供应也存在较大的问题。2001 年，我国电力的总生产量为 13556 亿 $kW \cdot h$，人均总用电量不足 $1000kW \cdot h/a$，仅占韩国人均用电总量的约 $1/5$；此外，我国的人均生活用电总量仅约为 $110kW \cdot h/a$。因此，在利用生物质能源进行电力供应时，应该因地制宜，合理安排电站分布情况，其市场前景是相当广阔的。据初步计算，如果将农林废弃物总资源量的 40% 用于电站燃料，就可产生 3000 亿 $kW \cdot h$ 的电量，该数值超过了我国全部地区总耗电量的 20%。

生物质能源具有环境清洁性、可再生性，其对全球的环境净化和减排 CO_2 有很好的促进作用。我国因矿物能源的消耗量巨大，SO_2 排放量也是最多的，排在世界第 1 位，同时 CO_2 排放量排在第 2 位，仅次于美国。在这种 CO_2 排放水平下，每年排放总量可达 22.7 亿 t，经折合计算，排放这些 CO_2 量的矿物能源相当于 6.2 亿 t 碳燃烧的排放量。此外，燃烧所排放的 SO_2 是产生酸雨的主要成分，目前酸雨面积在我国土地面积中已经占到了 $1/3$ 以上，造成的经济损失在 GDP 中占 2% 左右。而生物质能源相较于矿物能源或煤炭等，其含有的有害物质仅为中质烟煤的约 0.1 倍。另外，又由于生物质在被利用的过程中会产生少量的 CO_2，这些二氧化碳可以被完全重复吸收进行能源再生，实现 CO_2 污染物的零排放，因此，这也成了 CO_2 减排的重要途径。

在我国广大的农村地区，生物质资源是最丰富的资源之一，但对它的利用效率却是最低的，利用以燃烧为主，热效率极低（<10%），而且燃烧污染物（烟尘、灰烬、有污染的气体）会加速环境的恶化以及对附近居民的生活和身体健康产生严重的影响，尤其对于儿童来说，危害更大。在 2000 年，我国秸秆的总产量为 7 亿 t，其中有近 6 亿 t 的秸秆来自水稻、玉米、小麦、棉花、油菜等农作物；此外，林业加工资源的产量也很高，如伐区剩余物、木材加工残料等，有近 $3.7 \times 10^7 m^3$。针对这些农林生物质资源，如果以有效的技术将其转化为能源进行利用，将会大大提高生物质能源的利用率。热效率也会大幅提高，可达到 35% ~ 40%，这样，不仅资源得到有效利用，环境也会得到显著改善。

近几年，人们为了追求高水平的生活质量和生活环境，纷纷采用更加便利的能源，如液化气、煤炭等，从而使农作物秸秆堆放于田间，为了不影响下一年的耕地，直接在田间进行焚烧处理。这种大面积的焚烧，一方面浪费了资源，另一方面也造成了污染。尽管政府已经出台了相关规定禁止焚烧秸秆，但这种规定也是在一定期限内执行的，过了期限以后，人们仍然会大面积焚烧，此办法虽然不是长久之计，但是目前仍没有很好的策略。

　　对生物质能源的开发利用是解决这一问题的根本途径。它不仅可以增加生态效益，还会给社会和经济发展带来可观的效益。目前，我国薪柴的消耗量已经超过了林木采伐标准的15%，导致森林被砍伐严重，加快水土流失和生态系统失衡。另外，城市生产生活和农村产生的有机垃圾逐年增加，堆积量自然也会增加，这已经严重阻碍了农村和城镇的现代化建设步伐。因此，采用先进的技术手段对生物质能进行利用，不仅减少了有机废弃物的堆放和污染，还能促进现代化建设步伐；此外，对生物质能源的利用，还可减少人们对薪柴的需求量，间接保护了森林系统和林业的发展，可有效减少土地的荒废和水土资源的流失等，使各生态系统之间搭建良性的循环。

　　综上所述，从国家能源发展战略方面来看，生物质能源的功能是多方面、多层次的，兼顾能源安全、生态系统、农村发展、社会发展等统筹发展。基于生物质能源的上述优点和占据重要的战略地位，政府部门应该给予密切的配合，调动多方力量，如科研单位、企业单位、地方政府等，加大对生物质能源利用的研发力度，为形成稳固的生物质能源应用产业奠定基础，也为其发展提供技术上的有力支持。

第二章　新能源背景下生物质的主要原料

生物质料植物可加工成能源及其他生物基产品，加工的产品形式是气体、液体、固体能源及其他生物基产品，生物质原料植物包括两大类，一类是一年生植物，另一类是多年生植物。国内外用得较多的为"能源植物（energy plant）"。我国人多地少，必须要非常重视粮食安全问题。在发展生物质产业上提出了一个原则，即"积极利用边际土地，发展非粮资源"。

原料植物的种类多样，地域性较强，不同生态区及地域所生长的优势原料植物是不同的。生物质产业发展初期，欧洲的油菜子生物柴油、巴西的甘蔗遗传均为具有优势的食物基原料作物，可就地取材。第二代生物能源的原料植物强调非食物基的纤维素类植物，如美国的芒草。第三代原料植物重视微藻类低等植物。接下来我们介绍几类主要能源植物。

第一节　淀粉类生物质资源

被子植物的种子包括胚、胚乳、种皮三个部分。胚乳所占分量最大，储存营养物质如脂肪、淀粉等，供胚萌发之用。淀粉由几百或者几千个单糖脱水缩合而成，属于多糖，人们常吃的大米和白面就属于淀粉多糖。薯类将淀粉储存在地下的块根内，以便后续的结实。但是，不等到结实，人们就会将薯块刨出来作为食物。块根属于营养器官，与种子的生长发育时间相比较而言较长，积存的淀粉的量会更多。在很久以前淀粉就用来造酒了，相传炎帝教人们种植五谷，并用薯类和高粱作为酿酒原料。

薯类被叫作农作物里的淀粉之王。将淀粉作为原料进行发酵造酒的历史十分久远，相传炎帝种植五谷，制造酿酒的原料主要为高粱及薯类。

一、甘薯

甘薯是世界第七大农作物，其原产地是中南美洲，约在 16 世纪传入中国。甘薯的特征为稳产、高产、耐贫瘠，且适应能力极广。中国作为世界上最大的甘薯生产国家，年总产量有 1.5 亿 t，超过了世界总产的 3/4。鲜薯平均单产 20~25t/hm², 含淀粉约 20%, 薯干含淀粉可达 64%~68%。

　　甘薯的营养生长期较长, 以淀粉为主的经济产量系数可达 70%~85%。由于甘薯的根系发达, 入土较深, 而且水分充足, 自动调节功能很强, 故甘薯的耐旱力强。薯类主要用来做饲料、加工淀粉或酿酒。图 2-1 所示为河北的甘薯地。

图 2-1　河北的甘薯地

(据崔宗均, 生物质能源与废弃物资源利用, 2016 年)

二、木薯

　　木薯是世界三大薯类作物之一, 属大戟科大戟属 (manihot esculanta crantz), 耐瘠薄, 光合效率高, 抗逆性强, 适应性强。如图 2-2 所示为广西的木薯地照片。

图 2-2　广西的木薯地

(据崔宗均, 生物质能源与废弃物资源利用, 2016 年)

　　木薯的增产潜力巨大。当前每公顷产鲜薯 15t 左右, 如果按照现品种及先进栽培技术的使用, 木薯产量能够达到 45~75t/hm², 甚至 90t/hm² 以上。当前大面积鲜薯的淀粉含量 28% 左右, 品种改良之后能够提高至 30%~32%。

以每公顷产鲜薯30t以及每吨收购价400元计，农民每公顷的净收入为8500元左右；甘蔗的田间管理成本较高，每公顷净收入3000元。

第二节　纤维素类生物质资源

植物体各组成部分都可以被很好地利用，组成成分中，纤维素含量最多，可占到一半以上。最近纤维素主要用于固体燃料，若技术进一步提高，还可能会用以生产液体燃料。自然界还有很多纤维素类植物，如草本、灌木、乔木类植物。

一、草本能源植物

利用边际性土地种植多年生和多样性的草本植被可以获取到纤维素原料。不同国家、不同地区的优势草本能源植物是不同的，包括柳枝稷（switchgrass）、芒草（miscanthus）以及篱柳（salix viminalis）等。

（一）柳枝稷

柳枝稷在美洲大陆上到处可见，主要用于水土保持，或作为牛的食物。柳枝稷的适应性强，产量高，耐贫瘠土地，草梗粗壮，生长期为20年。因多年生对于土壤碳的积累是有益的，成本低，管理也不复杂。现在柳枝稷乙醇成本是每加仑2.7美元左右，经基因改良的可将成本降至每加仑1美元左右。

（二）芒草

芒草在无灌溉及施肥的试验地中平均每公顷干物质产出为32t左右，产能为17.5t标煤（图2-3）。

图2-3　芒草

（据崔宗均，生物质能源与废弃物资源利用，2016年）

（三）巨菌草

巨菌草由象草及非洲狼尾草杂交育成，属狼尾草属。该植物抗逆性强、粗蛋白及糖分含量高、产量高、适应性广，由福建农林大学林占熺于1999年成功引进并且培育成功。现在巨菌草是已知太阳能生物转化率最高的植物，植株高大，直立丛生，根系发达，大面积种植在我国南方地区（图2-4）。

图2-4 巨菌草

（据崔宗均，生物质能源与废弃物资源利用，2016年）

二、灌木能源植物

灌木耐干旱贫瘠，可截雨蓄水、固定土壤、减少水土流失、防风固沙，还可以用于饲料与肥料等，能质较好，每千克干重的发热量接近原煤。我国西北地区主要成年灌木能源植物每公顷的地上部分产量是 $8 \sim 20t/a$，产热量接近于 $6 \sim 14t$ 标煤。

营造灌木林 $3 \sim 5$ 年后，就可成林，可以发挥出应有的生态效益。平茬复壮为灌木林培育的特点之一，平茬下来的枝条为良好的能材。若能大规模种植并形成产业，不仅有利于生态保护，还有利于能源生产，此外，还能促进农民增收。

三、乔木能源植物

为了满足民间薪柴的需求，并且不增添对天然林樵采压力，从20世纪60年代开始营造了薪炭林，中国是世界薪炭林面积最大的国家。种植薪炭林要求树种抗逆性强、生长快、热能高、适应性强、生态功能良好。树种包括速生乔木型、阔叶树矮林型。木本能源林树种要适合该地区的自然特点。根据国家林业局资料，中国现有薪炭林面积 175 万 hm^2。

第三节　其他糖类生物质资源

糖类原料植物可直接提供单糖、双糖。糖大部分储存在糖类植物的茎秆内，俗称"甜秆"，也有储存于地下部分的。

一、甘蔗

甘蔗是禾本科（craminaceae），属多年生植物。甘蔗是温带及热带农作物，集中在南北回归线间。甘蔗对土壤要求并不高，可在各种类型、各种质地的土壤上生长。甘蔗耐盐度通常为 0.5%。甘蔗这种能源作物的光合转化效率高，主要成分有葡萄糖、蔗糖、果糖，非常适合作为生产乙醇的底物。

甘蔗主要在云南、广东、广西等南方省区分布。其中种植甘蔗面积排名前三位的分别是广西、云南、雷州半岛，产量占全国总产的 85%。现在甘蔗主要还是以糖用为主，在能源领域的应用并没有得到广泛普及，但是它在国际国内糖价起伏时可以发挥出调节的作用。广西的甘蔗产量超过了全国总产的 60%。

二、甜高粱

甜高粱（sorghum bicolor L. moench）为糖类生物质原料，属高光效碳四（C4）植物，抗逆性强、生长快、产量高，耐涝、耐旱、耐盐碱、耐贫瘠，被叫作"骆驼作物"。这种植物可以生长在黑龙江到海南岛，从东海之滨到塔里木盆地，特别适合于种植在北方的盐碱地及沙地等低质土地上。甜高粱的茎秆有 4~5m 高，每公顷产鲜茎 45~70t，汁液非常丰富，含糖量达 17%~21%。甜高粱播种的种子用量少，收成却很高，农田管理简单，生产成本也不高。在南方，甜高粱的生育期是 4~6 个月，可一年两茬，种植在海南岛可一年三茬（图 2-5）。

图 2-5　甜高粱

（据崔宗均，生物质能源与废弃物资源利用，2016 年）

三、菊芋

菊芋学名 helianthus tuberosus linn，也叫作菊薯、洋姜、鬼子姜等，是菊科向日葵的多年生宿根草本植物，其中多聚果糖含量丰富，干物质糖含量超过甘蔗 30%，甜度是蔗糖的两倍。菊芋抗风沙、抗逆性强、抗病虫害、耐干旱，可在盐碱地、滨海滩涂、沙地等低质土地上生长。菊芋种植管理并不复杂，相对来说生产成本低，待地上部分收获以后，残留土层中的块茎可在短时间内自行繁殖，不需要重复播种。菊芋的生态功能非常显著，据资料表明，在 20℃左右的黄土坡地上，能够减少径流量 88.4% 和冲刷量的 97.4%（图 2-6）。

图 2-6　菊芋

（据崔宗均，生物质能源与废弃物资源利用，2016 年）

菊芋在黑龙江西部沙地每公顷产块茎 30~45t，在渤海湾滩滩涂荒地为

75~150t，菊粉糖产量是 9~18t。

利用菊粉酶解转化为低聚果糖、果糖，进而转化成高附加值的甘露醇、琥珀酸等。现在能源菊芋开发还是处于起步阶段，具有很大的发展潜力。

第四节　油脂类生物质资源

一、一年生油料作物

乔本科的谷类作物种子的胚乳中的主要成分为淀粉，豆科的油菜、花生、大豆等的胚乳含有 40%左右的脂肪，储存的能量比糖类高很多。

油菜子油的短链脂肪酸的含量是比较高的，其化学组成与普通柴油比较接近。油菜子油在 19 世纪后期就已经应用于内燃机和早期的汽车原料了，德国的生物柴油指标的制定标准就是以低芥酸菜油为原料的生物柴油。

在中国，增加油料作物产量主要用于提高食用油的自给率，并不会用在能源领域。另外，菜子油与大豆油的油价与生物柴油价格倒挂。

二、木本油料植物

中国已确定的木本油料植物 151 科 697 属 1554 种，其中 154 种的种子含油量超过了 40%，有开发价值的有 30 多种。现在已经利用的油料树种资源包括油茶、核桃等。这些树种的现成片林面积约为 135 万 hm²，其中 60 万 hm² 可经改造培育成木本油料林，每公顷油料林出油约为 1.5t/a。开发木本油料的制约因素主要是分散、收集较难，规模化开发需较长时间才可以形成生产能力，优点在于形成生产力后的原料成本低。

（一）麻风树

麻风树属大戟科麻风树属木本植物，原产于南美，树的高度为 3~5m，采用扦插法进行繁殖，成活率较高，而且生长速度较快，种植当年就能结果，五年后进入盛果期，采摘期有 40 年。麻风树的抗旱能力比较强，在丘陵山区也可以生存，可防止水土流失，进而改善生态环境。每公顷麻风树年产籽粒为 5~8t，可以获得生物柴油 1.5~2t。种仁含油超过了 50%。因其油含 SO_2 低、润滑功能良好、低温启动性能良好、安全性高，可炼制成高品位的生物柴油。

　　1995年，在洛克菲勒基金会及德国政府的大力支持下，麻风树作为新能源植物在津巴布韦、尼泊尔、巴西、印度开始种植。中国四川、云南、贵州、广西等地有半野生及栽培的麻风树。麻风树是在世界范围推广种植最多的一种木本油料植物（图2-7）。

图2-7　麻风树

（据崔宗均，生物质能源与废弃物资源利用，2016年）

（二）文冠果

　　文冠果是我国特有的一种优良木本油料树种，种子含油率为30%～36%，种仁含油率为55%～67%。不饱和脂肪酸中的油酸约占53%，亚油酸约占38%。木本植物文冠果是目前我国北方适合发展的唯一生物质能源树种。

　　文冠果原产于我国北部的干旱寒冷地区，特点表现为抗旱、抗寒、耐瘠薄且移栽成活率较高，它的开发潜力巨大，升值途径多；产量高，生产能力强；种仁营养成分丰富，适应能力和抗逆能力强；市场销路好，经济效益高，等等（图2-8）。

图2-8　文冠果

（据崔宗均，生物质能源与废弃物资源利用，2016年）

（三）光皮树

光皮树是一种非常理想的多用途油料树种，分布于黄河以南地区、长江流域到西南各地的石灰岩区，垂直分布于海拔 1000m 以下。

光皮树的特点为：喜光、耐寒，喜深厚、肥沃、湿润的土壤，在酸性土、石灰岩土生长良好。光皮树树干挺拔、清秀，枝叶繁茂，萌芽力较强，抗病虫害能力较强，可以存活 200 年以上。实生苗造林往往 5~7 年开始结果，人工林林分群体分化十分严重，产量有高有低，嫁接苗造林往往 2~3 年开始结果，产量比较高，树体矮化，经营管理起来比较方便。果实千粒重超过 70g，其果实（带果皮）含油率为 33%~36%，盛果期平均每株产油超过 15kg/a。

光皮树有非常高的利用价值，可以作为生物柴油基础原料油，光皮树油含油酸及亚油酸高达 77.68%，所生产的生物柴油的理化性质好，可利用果实为原料制取原料油，加工成本低，而得油率高。所生产的生物柴油理化性质优；同时可以利用果实作为原料直接加工制取原料油，加工成本低廉，得油率高。

随着光皮树油制取生物柴油研究的不断深入，光皮树作为重要的生物柴油原料已得到社会各界的密切关注。光皮树是高产木本油料树种，作为生物柴油原料油料非常理想（图 2-9）。

图 2-9　光皮树

（据崔宗均，生物质能源与废弃物资源利用，2016 年）

（四）黄连木

黄连木（pistacia chinensis bunge）耐干旱、瘠薄，对土地的要求低，萌芽力较强、生长速度较慢，种仁含油量为 56.7%，分布于华北、华中、华南 23 个省区，往往零星分布在海拔 700m 以下的山地、丘陵，当然也有大面积纯林或者混交林（图 2-10）。

图 2-10　黄连木

（据崔宗均，生物质能源与废弃物资源利用，2016 年）

第五节　可再生生物质资源

全世界都在面临着能源危机，而且，以石油为原料的液体燃料燃烧后排放的废气引起的环境污染也是待解决的问题。自 1973 年发生第一次世界石油危机以来，美国、巴西等许多国家一直在寻求石油替代能源，以煤制油替代、煤制甲醇和二甲醚替代、天然气替代、电动力汽车或氢动力汽车替代等。经过大量的替代试验和尝试，有过上万辆用不同替代燃料驱动的汽车上路，最后选择的主要替代产品是燃料乙醇。

燃料乙醇指的是对浓度约为 95% 的乙醇进一步脱水，再加上 5%（体积分数）的变性剂使其成为水分小于 0.8% 的变性无水乙醇而作为燃料乙醇。燃料乙醇是一种清洁能源，乙醇的能量虽然只是汽油的 67%，不过汽油醇（添加乙醇的汽油）的能量与汽油相同，甚至比汽油高，而且乙醇可以替代汽油中的铅及甲基叔丁基醚（MTBE）作为辛烷值增强剂及汽油增氧剂，可有效降低汽车尾气中的一氧化碳含量，具有节省石油和净化空气的作用。

本节以生物质燃料乙醇的转化为例进行阐述。

一、燃料乙醇生产原理及工艺类型

（一）燃料乙醇生产方法

由于燃料乙醇是将浓度为95%的乙醇进一步脱水，再加上5%的变性剂，所以可以将燃料乙醇的生产看成是乙醇的生产。现在生产乙醇的方法主要有两种，一种是化学合成法，另一种是发酵法。发酵法是主要生产燃料乙醇的方法。

1. 化学合成法生产乙醇

采用化学方法使乙烯与水结合生成的乙醇叫做合成乙醇。化学合成法包括乙烯间接水合法、乙烯直接水合法以及乙炔法等。

（1）乙烯间接水合法，也叫做硫酸吸附法。该方法的优点在于效率较高、原料纯度要求低、乙烯单程转化率较高、反应温度和压力低，该方法的缺点在于，生产过程中会产生大量稀硫酸，对设备产生腐蚀作用，因而限制了这一工艺的发展。

反应方程式如下：

$$2C_2H_4 + H_2SO_4 \longrightarrow (CH_3CHO)_2SO_2$$

$$(CH_3CHO)_2SO_2 + H_2O \longrightarrow 2CH_3CH_2OH + H_2SO_4$$

在反应过程中伴随有副产物乙醚的生成。

（2）乙烯直接水合法，其工艺流程比较合理，对设备的腐蚀并不大，易形成现代化的大规模生产。乙烯直接水合法工艺应用较多，有逐渐代替间接水合法的趋势。它是以磷酸为催化剂，在高温高压条件下，乙烯和水蒸气直接反应成乙醇。通过乙烯直接水合法合成的乙醇溶液中所占比重较大的是水。10%~15%的乙醇浓度，其中还有少量的乙醚、乙醛、丁醇以及其他有机化合物。

该方法的反应方程式为：

$$C_2H_4 + H_2O \xrightarrow[230\sim300℃,7\sim8\ MPa]{催化剂} C_2H_5OH$$

（3）乙炔法。意大利、美国、日本等国家开发了用 CO、H_2（或 CHOH）进行羟基合成制取乙醇的工艺方法。适当升高反应温度，可加快反应速度。然而，随着温度的逐渐提高，副反应会增多并且有加剧的趋势。为了加快反应速率，并产生较少的副产物，需要有选择性强、催化性能良好的催化剂，这恰恰是由 CO—H_2 合成乙醇的关键。

乙烯是石油的工业副产品，如今，在石油紧缺的情况下，该工艺的应用受到了一些限制。目前，合成乙醇在国外仅仅占乙醇总产量的约20%。而以 CO—H$_2$ 为原料合成乙醇的研究已经有所进展，自此，若在催化剂的研制方面有所突破，其发展前景是非常可观的。

2. 发酵法生产乙醇

根据生产所用主要原料的不同，发酵法生产乙醇的原料有糖类、淀粉质、纤维素。用糖质原料可直接发酵生产乙醇；用淀粉原料需要经过淀粉水解后再发酵生产乙醇。而纤维素复杂的结构，使其水解要比淀粉难得多，因此需要对木质纤维素类原料进行预处理，再通过水解的方法将其转化为糖，最后发酵生产乙醇。发酵法生产乙醇的基本过程为：首先将原料转化为糖，再通过微生物将糖发酵成乙醇醪液，最终对乙醇进行提取。这其中，微生物发挥着重要的作用。

（二）乙醇发酵的生化反应过程

由淀粉和纤维素类原料生产乙醇的生化反应分为以下三个阶段：①淀粉、纤维素、半纤维素，水解成葡萄糖和木糖等单糖分子；②单糖分子经糖酵解生成两分子丙酮酸；③在无氧条件下丙酮酸被还原为两分子乙醇，释放 CO$_2$。

糖类原料直接从第二阶段开始，大多数乙醇发酵菌都具备将蔗糖等双糖直接分解为单糖的能力，进而直接进入糖酵解和乙醇还原过程。

1. 水解反应

大多数乙醇发酵菌都没有水解多糖物质的能力或能力低下、没有合成水解酶系的能力或酶活性很低，不能满足工业生产需求。在乙醇生产工艺中，用在微生物体外人工水解的方式将淀粉或纤维素降解为单糖分子。淀粉一般采用霉菌生产的淀粉酶为催化剂，而纤维素及半纤维素则一般可采用酸或纤维素酶为催化剂。

纤维素水解反应过程为：

$$(C_6H_{10}O_5)_n \xrightarrow{\text{酸或}\alpha\text{-淀粉酶,H}_2O} \alpha-1,4-\text{寡聚葡萄糖}$$

$$\alpha-1,4-\text{寡聚葡萄糖} \xrightarrow{\text{酸或}\alpha\text{-淀粉酶,H}_2O} nC_6H_{12}O_6$$

2. 糖酵解反应

乙醇发酵的实质就是酵母等乙醇发酵微生物在无氧条件下利用其特定酶系统催化的一系列有机质分解代谢的生化反应过程。发酵底物主要是由糖类、淀粉、纤维素、半纤维素这些大分子物质水解产生的六碳糖和五碳糖。所谓糖酵解就是在无氧条件下，1 分子葡萄糖降解为 2 分子丙酮酸，并产生 ATP 的过程。糖酵解的反应场所为胞质溶胶，包括四条途径：EMP 途径、HMP 途径、ED 途径、磷酸解酮酶途径。其中 EMP 途径最为重要，一般的乙醇生产所用的酵母菌都经此途径进行发酵。

3. 乙醇发酵的类型

在不同条件下，酵母菌利用葡萄糖发酵乙醇分三种类型。

（1）酵母一型发酵。在乙醇发酵生产条件下，酵母菌把葡萄糖经 EMP 途径所产生的 2 分子丙酮酸脱羧为乙醛，最终产物为 2 分子乙醇和 2 分子 CO_2。

（2）酵母二型发酵。发酵环境中存在亚硫酸氢钠的情况下，生成的乙醛与亚硫酸氢钠反应生成磺化羟基乙醛，进而生成甘油及乙醇。

（3）酵母三型发酵。在弱碱性条件下，乙醛无法获得充足的氢进行还原反应而积累，2 分子乙醛间会发生歧化反应，即 1 分子乙醛作为氧化剂被还原为乙醇，另 1 分子作为还原剂被氧化为乙酸。最终产物为乙醇、乙酸和甘油。

（三）　乙醇发酵的工艺类型

由发酵过程物料的存在状态，乙醇发酵可划分为以下三类：一是固体发酵法；二是半固体发酵法；三是液体发酵法。现在，固体发酵法和半固体发酵法主要用于白酒的生产，产量较小，工艺较古老且劳动强度大。而在大生产中，都采用液体发酵法生产乙醇，其生产成本低，生产周期短，设备自动化，能大大减轻劳动强度。

根据发酵醪注入发酵罐的不同方式，乙醇发酵可划分为三种方法：一是间歇式发酵法；二是半连续式发酵法；三是连续式发酵法。

1. 间歇式发酵法

间歇式发酵在一个发酵罐里完成。据发酵罐体积和糖化醪流加方式等工艺操作的区别，间歇发酵法可分成以下方法：一是一次加满法，即将糖化醪通过泵一次加满发酵罐；二是分次添加法，在操作的时候，糖化醪分为若干批加入发酵罐；三是连续添加法，首先将规定数量的酒母醪送入发酵罐中，并连续添加糖化醪；四是分割主发酵醪法，将处于旺盛主发酵阶段的发酵醪分割出 1/3~1/2 至第二罐，两罐同时添加新鲜糖化醪至满罐，再发酵。

间歇发酵的优势在于操作起来不复杂，便于管理，不易出现大面积杂菌感染，不过其缺点也有很多，例如每个罐发酵后的洗刷灭菌工作量大、单耗增加、发酵时间长、设备利用率不高等。

2. 半连续式发酵

半连续式发酵其工艺即主发酵阶段采用连续发酵，后发酵阶段采用间歇发酵的方法。半连续发酵中，由糖化醪流加方式的区别，可以分为：前三只罐保持连续主发酵状态，从第三只罐流出的发酵液分别顺次装满其他发酵罐中进行发酵，直至发酵结束；由七或八个发酵罐组成一个罐组，每只罐之间通过溢流管进行连接。在生产过程中，首先制备发酵罐体积 1/3 的酒母，加入第一只发酵罐，并且在保持主发酵状态的前提之下，流入糖化醪；第一只罐装满之后，经溢流管流入第二只罐，当充满到 1/3 体积的时候，糖化醪改成流加入第二只罐；第二只罐加满以后，溢流入第三只罐，再重复第二只罐的操作；这样直到装满最后一只罐；最后，从第一只罐到最后一只罐逐罐按照一定的顺序把发酵成熟醪进行下一步蒸馏。

3. 连续式发酵

连续式发酵工艺的特点为开始发酵的时候，酒母醪及糖化醪都流入第一只发酵罐，充满后，发酵醪通过溢流管流入第二只罐，第三只罐……依此类推，最终充满整个发酵罐组，发酵成熟醪从最后一只发酵罐流出，进行下一步蒸馏。

（四）乙醇生产中常见的发酵微生物

影响燃料乙醇发酵的因素最重要的就是产乙醇微生物。可发酵生产乙醇的微生物有酵母菌、细菌、霉菌。现在工业上生产乙醇主要采用酵母菌。

1. 乙醇生产对微生物的要求

在生产燃料乙醇的过程当中，菌株的质量至关重要，一般产乙醇微生物必须要满足以下要求：①发酵性能要良好，可将糖分快速、有效地转化为乙醇；②微生物的繁殖能力较快；③抗杂菌能力比较强，即耐杂菌代谢产物能力和抗有机酸能力强；④对培养基的复杂成分的适应性强；⑤耐高浓度糖和乙醇的能力强，也就是耐自身代谢废物及产物的能力较强；⑥对温度、酸度等的突变适应性强。

2. 乙醇生产中一些常见微生物

工业上能进行乙醇发酵的微生物种类并不少，在生产中可发酵生产乙醇主要的微生物有酵母菌、细菌以及基因工程菌。

由于大多数只能利用己糖作为底物发酵产乙醇，不能利用木糖，如果能开发发酵木糖的酿酒酵母菌株，将其直接整合用于现有的工艺中，可以减少 20% 的乙醇生产成本。

（1）常见的己糖发酵微生物，以几种酵母菌为例。

1）拉斯 2 号酵母（Rasse Ⅱ），又名德国 2 号酵母，是 1889 年 Linder 从发酵醪中分离选育出来的一株酵母菌种。细胞呈长卵形，细胞大小为 5.6μm 左右，子囊孢子 2.9μm，不过通常形成较难。该酵母可以发酵葡萄糖、蔗糖以及麦芽糖等，不过不能发酵乳糖。

2）K 字酵母，源于日本，细胞呈卵圆状，个体较小，但繁殖迅速，在我国许多乙醇工厂均曾用过 K 字酵母。

3）南阳五号酵母（CICC 1300），固体培养时生成白色菌落，表面光滑，质地湿润。细胞呈卵圆形，少数呈腊肠形，其个体大小通常是 3.3μm×5.94μm～4.95μm×7.26μm。能够发酵麦芽糖、葡萄糖、蔗糖，不能发酵乳糖、菊糖，耐乙醇浓度能够达到 13%。

（2）常见的戊糖发酵微生物。20 世纪 70 年代后期，在北美的两个实验室分别发现酿酒酵母能够转化五碳的木酮糖产乙醇，掀起了发酵木糖的酿酒酵母重组菌株的构建热潮。但至今只产生了有限的几个发酵戊糖的酿酒酵母工业菌株，主要是因为对真核的酵母代谢调节的认识还不够深入。假丝酵母同酿酒酵母相比具有耐高温的特点，且某些菌株也能利用木糖，如具柄毕赤氏酵母、热带假丝酵母、热纤梭菌、热硫化氢梭菌都等。

二、不同原料的乙醇生产

制造生物乙醇的原料主要包括三类：第一类是淀粉原料，是制造生物乙醇的主要原料，约占各种生物原料的 80%，如玉米（占 35%）、薯类（占 45%）等；第二类是糖类原料，如蜜糖、蔗糖、甜菜、甜高粱等；第三类是纤维质原料，例如树枝、木屑以及工厂纤维质下脚料等。

所谓一代燃料乙醇，是指以农作物的淀粉或糖作为原料，经水解及酒精发酵而生成的乙醇，美国称这种食物基生物燃料为"常规生物燃料"。而以非食物基及纤维素基的燃料称为"先进生物燃料"，其中，以木质纤维素为原料生产的燃料乙醇叫作二代燃料乙醇。

（一）一代燃料乙醇生产技术

一代燃料乙醇的原料主要是糖和淀粉。糖类植物，如甘蔗、甜高粱、甜菜、菊芋等是在茎秆或地下块根、块茎中积存的单糖（葡萄糖和果糖）还有双糖（蔗糖），不需要经过水解工序即可直接酒精发酵。淀粉是一种营养储存态的多糖，集中于玉米、小麦等谷类作物的子实或薯类的块根。淀粉分子是由葡萄糖基团聚合而成的，是多糖中最易水解的一种，需要经过水解和糖化为双糖和单糖后才能进行乙醇发酵。淀粉类原料和糖类原料的加工工艺基本相同，只是糖类原科较淀粉类原料少一道淀粉水解工序。

1. 糖类原料的乙醇生产技术

糖类乙醇的发酵方法有很多，大致可分为两类：间歇法和连续法。如今我国大多数糖蜜酒精工厂均采用连续发酵法，生产技术管理较为完善，而产量较少的乙醇工厂仍有采用间歇发酵法。

以甘蔗发酵燃料乙醇为例，如图 2-11 所示是甘蔗清汁发酵生产乙醇的新工艺。

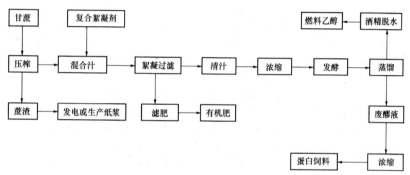

图 2-11　能源甘蔗清汁发酵燃料乙醇的新工艺

能源甘蔗清汁发酵燃料乙醇的新工艺首先要保证酒精清洁生产，排除甘蔗混合汁中对正常发酵有影响的非糖分胶体物质及无机固体悬浮物，防止其通过高温蒸馏形成难降解的化合物，有利于酵母回收循环使用时候的正常发酵。以甘蔗清汁为发酵基质，连续发酵使发酵周期缩短，对于高浓度发酵的进行有利，使发酵液酒精浓度有所提高。新工艺产生的酒精废液的生物可降解性好，经生物处理之后能够达标排放，酒精废液可浓缩后制作动物蛋白饲料，解决生物质原料发酵生产酒精的废液污染的问题。蔗渣可用于燃料发电或生产纸浆，蔗汁的滤泥可用于有机肥料，将整体预防的环境战略持续用于酒精生产过程及酒精产品当中，使其对人类和环境的危害有效减少。该工艺生产技术已经成熟，具有明显经济效益。

2. 淀粉类原料的乙醇生产技术

用淀粉质原料生产乙醇，其基本工艺环节有原料粉碎、蒸料、糖化曲制备、乙醇制备、乙醇发酵、蒸馏到产品。

原料粉碎，将植物组织破坏，使其中的淀粉释出。蒸煮糖化，将淀粉质原料在吸水之后进行高温、高压的蒸煮，旨在使植物组织与细胞完全破裂。原料中的淀粉颗粒因吸水膨胀而破坏，使淀粉从颗粒变成溶解状态的糊液。经高温、高压蒸煮，还可以将原料表面附着的大量微生物杀死，具有灭菌作用。糖化工艺，加压蒸煮后的淀粉糊化成为溶解状态，尚不可以直接被酵母菌利用发酵为乙醇，而必须要进行糖化，将蒸煮醪中的淀粉转化成可发酵糖。糖化过程的糖化剂起催化作用。我国一般采用的糖化剂是曲霉，欧洲各国一般采用的糖化剂为麦芽。酵母培养，培养高质量的酵母是保证获得淀粉出酒率的基本前提，在实际生产中，要求酵母细胞形状整齐、健壮、无杂菌、芽孢多且降糖快的特点，还要检测酵母细胞数、出芽率、死亡率、耗糖率、乙醇分及醪中酸度。乙醇发酵，要满足乙醇酵母的生长和代谢所必备的条件，有一定的生化反应时间，加强控制发酵产生的副产物，并在蒸馏过程中提取，以保证乙醇的质量。乙醇提取与精制是通过蒸馏进行的。

　　以玉米发酵燃料乙醇为例，如图 2-12 所示是美国主流的"干法"工艺。

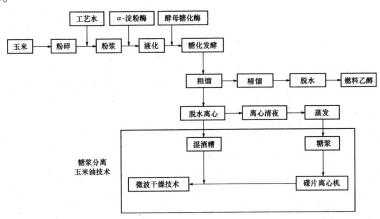

图 2-12　美国玉米发酵燃料乙醇的主流"干法"工艺

　　此工艺的特征呈现为：①玉米全粉碎大颗粒生产乙醇，降低能耗从而便于之后的饲料生产；②采用高浓度液化技术，可实现浓醪发酵，还可有效地提高产量；③发酵成熟醪进入三塔差压精馏，粗塔及气提塔为精馏塔提供热源；④玉米粉浆浓度为 32%，离心清液回配超过 50%，塔釜废水于蒸发冷凝水全部回用，起到了节约用水的效果，还利用了废热；⑤在浓缩糖浆中回收一部分玉米油，玉米油收率为 15~20kg/t 乙醇，使产品经济性得到了提高。

（二）二代燃料乙醇生产技术

　　人类食物主要是农作物中的碳水化合物（淀粉和糖）、蛋白质和脂肪，而植物体组成成分中含量最多的为纤维素及半纤维素，占 50% 或者 70% 以上。放眼全球，每年木质纤维素类原料生成量转化为生物燃料相当于 340 亿~1600 亿桶原油，这已经超越了目前全球每年 30 亿桶原油的能源消耗。我国纤维素类生物质资源很多，其中每年的农作物秸秆、皮壳超过 7 亿 t，其中玉米秸秆所占比重为 35%，小麦秸秆所占比重为 21%，稻草占 19%，大麦秸秆占 10%，高粱秸秆占 5%，谷草占 5%。木质纤维素能源植物生物产量高，且比一般农作物对水土条件和种植管理的要求低得多，我国西北地区主要灌木能源植物每公顷的地上部分产量在 8~20t/a。这部分资源的充分利用，将是一笔宝贵的财富。

1. 木质纤维素类原料的特性

木质纤维素类原料是植物光合作用的产物，它是生产乙醇最大的潜在原料。木质纤维素类废弃物的成分主要包括三部分：一是半纤维素；二是纤维素；三是木质素。半纤维素、纤维素均可以被水解成单糖，单糖再通过发酵生成乙醇，而木质素不能被水解。纤维素是木质纤维素主要的组成部分，由 D-葡萄糖残基以 β-1,4-糖苷键相连而成的线性聚合物。在植物纤维中，纤维素沿着分子链链长的方向彼此近乎平行聚集成为细纤维而存在，其间充满了半纤维素、果胶和木质素等物质，影响纤维素的水解。半纤维素由不同多聚糖构成，聚合度并不高，无晶体结构，故易水解。半纤维素水解产物包括大量木糖和少量的葡萄糖、阿拉伯糖、半乳糖、甘露糖，不同原料的水解产物的含量也是有区别的。普通酵母不能够将木糖发酵成乙醇，故人们热衷于研究五碳糖的发酵。纤维素通过水解会生成葡萄糖，易发酵为乙醇。木质素中的甲氧基、醇羟基、酚羟基、羰基等活性基团含量丰富，将发生氧化、还原、烷氧化、磺甲基化、烷基化等各种反应。木质素的利用，能提取很多高附加值的化学产品，为提升木质纤维素生产燃料乙醇的经济性提供了新手段。

纤维素、半纤维素以及木质素在不同原料中所占的比例是不同的，因而利用的难易程度也不同。

2. 木质纤维素类原料的分解利用

制取燃料乙醇的木质纤维素类原料主要包括森林采伐和木材加工剩余物、农作物秸秆等。

木质纤维素的性质稳定，只有在催化剂存在的情况下，纤维素的水解反应才会显著进行。比较常用的催化剂有无机酸、纤维素酶，由此分别形成了酸水解及酶水解工艺，其中的酸水解还可分成两类：一类是浓酸水解工艺；另一类则是稀酸水解工艺。目前比较成熟的、已经工业化的是稀硫酸渗滤水解法。但现在正在大力研究酶水解生产工艺，该工艺具有很大的开发潜力。应用纤维素酶催化可以高效水解木质纤维素生成单糖。酶水解工艺的优点在于：可以在常温下反应，水解的副产物比较少，糖化得率比较高，不会产生有害发酵物质，能与发酵过程耦合。

（1）浓酸水解。19世纪就有人提出了浓酸水解，其原理就是结晶纤维素在较低温度下能够完全溶解在浓酸中，转化为含几个葡萄糖单元的低聚糖。将该溶液加水稀释并且加热，经过一定时间后就可以将低聚糖水解成葡萄糖。浓酸水解的优点在于糖的回收率比较高，能够处理不同的原料，相对来说很迅速，不过对设备要求比较高，而且酸需要回收。

（2）稀酸水解。浓酸水解因为成本太高、污染严重等问题，使用范围在减小。而稀酸水解条件相对温和，有利于生产成本的降低。

稀酸水解的机理为溶液中的氢离子与纤维素上的氧原子相结合，使其不稳定，易与水反应，纤维素长链就是在这一处断裂，并且放出氢离子，实现纤维素长链的连续解聚，直到分解为葡萄糖。稀酸水解原料的处理时间不长，易于实现工业化，然而，由于产生的糖会发生分解，因而，会在很大程度上影响糖的回收率。近年的研究显示，在适宜条件下，获得85%的糖回收率是有可能的，人们重点研究反应器的开发。为了使单糖的分解尽量少一些，实际的稀酸水解会分为两步进行：首先用较低温度分解半纤维素，木糖为主要产物；其次用比较高的温度去分解纤维素，产物主要是葡萄糖。

（3）酶水解。降解纤维素是葡萄糖单体所需要的一组酶的统称为纤维素酶，一般认为纤维素酶的组分有三个：一是内切葡聚糖酶；二是外切葡聚糖酶；三是β-葡萄糖苷酶，每一组分还包括若干亚组分。纤维素水解生成葡萄糖的过程需要这三种组分的协同作用才会完成。内切葡聚糖酶的作用机理为切割β-1,4-葡萄糖苷键，使纤维素长链断裂，断开的分子链暴露出还原末端及非还原末端；外切葡聚糖酶有2个组分酶，其可以分别从纤维素长链的还原端切割下葡萄糖、纤维二糖（两个葡萄糖的聚合物）；β-葡萄糖苷酶可以把纤维二糖及低聚糖分解为葡萄糖，该环节为纤维素酶水解乙醇生产的主要部分。

酶水解的优点是：条件比较温和、能量消耗较小、糖转化率比较高、没有腐蚀、不会环境污染。酶水解也存在一些缺点如生产周期长、反应速率慢、酶成本高，而且由于纤维素、半纤维素、木质素相互缠绕，形成晶体结构，会阻碍酶接近纤维素表面，故木质纤维素直接酶水解的效率低，故应当采用预处理来降低纤维素结晶度、聚合度。

3. 预处理技术

木质纤维素原料采用发酵方法转化为酒精，首先要分离除去木质纤维素中的木质素，并且将纤维素、半纤维素分解为可发酵性单糖。除去木质素往往通过水解或酶解的方式。纤维素以晶体束状态埋植在半纤维素和木质素的复合体当中，木质素在植物细胞结构中发挥着保护作用。故酸水解和酶水解的浓度都很低。为了使纤维素水解速率及糖的得率有所提高，应当在木质纤维素原料水解以前进行预处理。

木质纤维素原料的收割、收集、储存、运输、原料的预处理是生产燃料乙醇的重要环节，占总成本的35%~50%，其中，预处理成本占总生产成本的20%以上。预处理方法会影响到生物质原料的选择、采收、储存、尺寸的减小等上游加工；而且，预处理还会对下游加工过程及最终的生产成本产生一定的影响。

比如说，在采用酸水解这一方式的时候，水解液可能不止产生葡萄糖单体，还可能产生大量的单体或寡聚体如阿拉伯糖、半乳糖、甘露糖以及木糖等，这些糖在发酵的过程当中无法被直接发酵，所以会对乙醇的产率产生一定的影响。

另外，预处理与水解过程中还有可能产生对发酵有抑制作用或毒性的醛、酚、酸等有机物，在水解之后 pH 值的调节会引入一些杂质组分，水解方式还会影响设备的选择，进而影响到固定资产的投资，这些都需要全面考虑。另外，预处理方式还会对残余物的回收利用产生一定程度的影响。上述这些因素导致用木质纤维素原料转化为燃料乙醇的生产过程很难，而且生产成本很高，直到今天，仍然没有寻求到一种成本低、得糖率高的预处理方法，可以将其中的纤维素、半纤维素转化为可发酵糖。

一般预处理方法应遵循的原则：酶解能达到最大转化率；可溶性糖的损失最小；在酶和微生物群体中不需要添加有毒的化学品；最小化地利用能源、化学品及设备；可以逐步扩大为工业生产。但实际上并不可能有一个前处理过程能够满足上述所有的条件。总的技术要求就是，去除木质素，较少地去除半纤维素，最大化地利用木质纤维素中可利用的成分。

预处理一般有以下几种：

（1）物理法。物理法包括机械粉碎、热解、声波电子射线等方法，这些方法都可使纤维素粉化、软化，提高纤维素酶的水解转化率。

研磨方法经常会被用到，它能使纤维素与酶的接触面积有所增加，提高酶解率。高能辐射会降低纤维素的聚合度、结晶度，使原料的可溶性增强。所谓蒸气爆破，就是把已经破碎的木质纤维素类原料放在高压饱和蒸汽中处理数秒，再迅速降至常压的一种物理预处理方法。微波处理能够有效改善纤维素的酶解效果，据微波预处理稻草和麦秆方面的研究表明，微波协助的碱处理能够使水解初期的速率有所提高，使发酵期间的纤维素酶使用量降低，使反应时间缩短，使乙醇转化率有所提高。热水也能溶解半纤维素，大部分生物质原料在 220℃ 热水下处理 2 min，可除去 1/2~2/3 的木质素。流动预处理的方法是在预处理过程中通入热水，木质素去除率能够达到 75%，流动预处理酶解后的总糖产量高于批次处理。

（2）化学法。规则且相互交联的纤维素链形成了抗拒纤维素酶渗透进纤维中的一个有效屏障。通过化学处理可以打破木质纤维素组织结构，从而使纤维素酶可以很好地利用纤维素等成分。化学法包括碱处理法、酸处理法、有机溶剂法及臭氧法等。

碱性溶液，如在 NaOH、氨水中浸泡原料，接着加热一段时间可以使原料孔隙发生润涨，进而使原料的内表面积有所增加，使结晶度及聚合度有所降低。在碱处理过程中，大部分木质素和一些半纤维素会溶解。因为碱处理主要通过脱木质素发挥作用，故它对农业废弃物及草本植物比对木材原料更为有效，因为这些原料通常含有较少量的木质素。

稀酸预处理，是现在普遍使用的一种预处理方法，它能够释放大部分的戊糖，同时使纤维素的水解效果有所提高，该方法的木糖产量可达 96%。稀酸处理的单糖产量非常高，但是仍然有缺点：稀酸批次处理对木质素的去除率仅在 20% 以下，比较低；反应往往需要在高温、高压的条件下进行，半纤维素分解成木糖后，木糖继续降解易于形成发酵抑制物糠醛，在发酵前需要脱毒处理水解液。

（3）物理化学法。物理和化学相结合的预处理方法最终取得的效果不错。用自动热水水解与氨循环渗滤工艺相结合的方法处理白杨木，半纤维素去除量达到 62%，酶解能力达 95%；采用氨水与盐酸的预处理方法对玉米芯进行处理，在 26℃ 下 24h 去除了 80%~90% 的木质素及醋酸盐类，整个预处理酶解之后获得超过 90% 的葡萄糖产量。

氨纤维爆裂（AFEX）综合了氨水和蒸气爆破的优势，在 70~100℃ 的温度下和 200~500Pa 的高压下使氨水结合在纤维素上，然后迅速降压，从而降低纤维素的结晶度，扩大酶解接触面。AFEX 可降低木质素、半纤维素含量，还能有效地在低酶量加入条件下将纤维素转化为葡萄糖。前期研究使 AFEX 预处理玉米秆的最佳条件得到了进一步的优化，得到了 80% 的木糖产量和接近于 100% 的葡萄糖产量。

石灰（Lime）预处理去除木质素的成本低。在 25~130℃ 的温度范围内都可以发生反应，不同温度下的反应时间为数周到数小时。对于低木质素含量的草本植物，石灰处理所达到的效果能够有效地酶解；不过对于高木质素含量的木本植物，还要结合其他预处理方法才能发挥出作用。

湿氧化（wet oxidation，WO）预处理是在高温水蒸气和高压氧气同时存在的情况下氧化木质纤维素原料，使一些木质素和大部分半纤维素溶解，进而使酶解效果提高。用碱性 WO 处理麦秆，在最佳条件下（185℃，12bar O_2，15min），有 55% 的木质素和 80% 的半纤维素溶解。用碱性 WO 处理甘蔗渣（95℃，12bar O_2，15min），酶解 48h 后获得 792g/kg 的葡萄糖产量。

（4）生物法。生物预处理主要是在纤维质原料中添加能够分解木质素及半纤维素的微生物。利用微生物自身代谢活动来对木质纤维素中的成分进行降解。常用于降解木质素的微生物包括褐腐菌、白腐菌以及软腐菌等真菌。近年来对白腐菌生物预处理木质纤维素的报道较多。低的能量需求及温和的环境条件、成本低以及设备简单使得生物预处理方法的优势比较特殊，能用专一的酶处理原料，分解木质素，进而使木质纤维素消化率有所提高。不过较长的分解周期使此法有局限性。尽管这种方法在试验中取得了一定的成功，不过仍然停留在实验室阶段。

4. 乙醇发酵利用技术

在以木质纤维素类物质作为原料的酒精生产当中，其发酵工艺是值得研究者深入研究的一个重要环节。由不同步骤的整合程度可以分为：分步糖化发酵、同步糖化发酵、同步糖化共发酵、微生物直接转化。

（1）分步糖化发酵（SHF）。此方法是人们研究得最多的，首先利用化学方法或纤维素酶水解纤维素，生成己糖或者木糖；再把水解得到的糖作为发酵碳源，利用酵母或者细菌发酵生产乙醇。纤维素水解产物（己糖）及半纤维素水解产物（戊糖）在酵母等微生物的代谢下生成乙醇。己糖（如葡萄糖）发酵产乙醇技术已经很成熟了，而利用五碳糖（如木糖）发酵生产乙醇技术仍然比较落后。目前科研人员已经发现了 100 多种微生物，其中有细菌、真菌以及酵母菌等，可代谢五碳糖发酵生成乙醇。一些国内外的研究机构通过基因工程的方法也成功选育了可以利用五碳糖的酵母菌种。

在 SHF 工艺中，糖化与发酵是独立进行的，每个过程都能在最佳条件下进行，不足之处在于水解终产物的累积会对纤维素酶的活性有抑制作用；纤维二糖的累积会抑制内切葡聚糖酶及外切葡聚糖酶，葡萄糖的积累同样会对β-葡萄糖苷酶的催化产生抑制作用，所以纤维素的浓度无法提高，这样就会导致酶解糖化的效率较低，并对产乙醇得率产生影响。

在 SHF 过程中，对于乙醇产物的形成有影响的因素包括以下几种：末端产物抑制、低细胞浓度、基质抑制。往往随着发酵液中乙醇浓度的增加，很多微生物的细胞膜完整性会受到损伤。有学者认为微生物对乙醇胁迫反应与细胞膜中脂的种类有关，酿酒酵母与运动发酵单胞菌的细胞膜有着特殊的结构：酿酒酵母的细胞膜中的固醇类物质很丰富，而运动发酵单胞菌中的顺式-十八烯酸（固醇的类似物）很丰富。除了细胞膜组成外，还有其他因素会影响到乙醇的耐受性。

（2）同步糖化发酵（SSF）。同步糖化发酵，使酶解与发酵合二为一，酶解产生的糖不停地被发酵利用，消除了纤维素酶受葡萄糖和纤维二糖的抑制作用，提高糖化效率，降低酶制剂的用量。在工艺上采用同步糖化发酵，使设备简化，并缩短了发酵周期，提高生产效率。

不过同步糖化发酵法有一些抑制因素，例如纤维素水解和乙醇发酵所需的酶系往往源于不同的微生物，最适反应条件不同。解决这两个过程温度不协调的途径有：采用耐热酵母，选育耐热酵母和普通酵母混合发酵，并降低纤维素酶生产成本和同期，优化预处理手段开发和使用连续工艺。

（3）同步糖化共发酵（SSCF）。随着基因工程技术的发展和应用，构建了能同时发酵戊糖与己糖的工程菌。这样一来戊糖和己糖便能在同一反应器中进行发酵，实现了同步糖化共发酵。同步糖化共发酵在同步糖化发酵的基础之上，又简化了设备，有效缩短了发酵周期。

酿酒酵母 LNH-ST 的染色体组携带着毕氏酵母菌的可编码木糖分解代谢的基因。Toon 等于 1997 年利用这种菌株连续发酵纯糖，在两天内有稳定的乙醇产量，可达到理论产值的 70.4%。中试规模中用预处理玉米芯研究之后证实此种菌株在 SSCF 过程中的功能特性，即在高水平的代谢抑制剂存在的情况之下，四天内依然可以转化 78.4% 的葡萄糖和 51.6% 的木糖。

Kim 等于 2006 年研究了一种处理玉米秸秆的预处理方法，需要用到氨水，同步糖化共发酵生产燃料乙醇。此法的优点有：可使停留时间缩短、使能源投入降低，实现 59%~70% 的木质素的去除率，保留 48%~57% 的木聚糖。利用此法处理玉米秸秆时，当滤纸酶活分别为 60FPU/g、15FPU/g、7.5FPU/g 时，酶促反应率对应为 95%、90%、86%。样品在同步糖化共发酵的试验当中，使用酿酒酵母 NREL-D（5）A，在葡聚糖质量浓度为 6%

的时候，乙醇产量为最大理论产量的 84%。当利用重组大肠杆菌 K011 的时候，葡聚糖及木聚糖均可被高效利用，产出的总乙醇产量是单一用葡聚糖的最大理论产值的 109%。其流出物里的低聚木糖不能被纤维素酶高效水解，其效率是消化率的 60%。如果处理过的玉米秸秆里有流出物，那么 SSCF 就会受到很大的阻碍，总乙醇产量只有理论值的 56%。

同年，Ohgren 等将玉米秸秆浸泡于 3% 的 SO_2 中蒸气爆破预处理，酿酒酵母 TMB3400 在 0.05% 底物浓度下同步糖化共发酵预处理的玉米秸秆，相对于不能发酵五碳糖的酵母而言，理论产率由原来的 52% 增加到 64%。

经研究证明，葡聚糖和木聚糖的酶促水解反应呈高相关性，并且，当木糖浓度较低的时候，在 SSCF 过程中对酶促水解作用存在显著的抑制作用。所产生的乙醇不仅会对特定的生长率产生抑制作用，而且与细胞死亡有关。

（4）直接微生物转化（DMC）。该方法是将纤维素酶的生产、纤维素酶水解糖化、糖的乙醇发酵这三个过程整合成一步。这样一来可以减少使用容器，节约成本。然而，由于在发酵过程中产生的副产物及微生物的乙醇的耐受性并不好，所以乙醇的产量不高。

（三）不同原料生产乙醇所存在的问题及展望

1. 传统原料生产乙醇存在的问题

随着耐高温、耐高糖、耐高乙醇酵母的选育，还有底物流加工工艺、发酵分离粉质类原料的燃料乙醇生产工艺已经具有明显的市场竞争力。由糖类和淀粉类原料制备燃料乙醇技术已经越来越成熟，并且已经进行产业化生产，规模在不断地扩大，技术不断改进，效益不断提高。但在生产过程中，还是会产生废水、废渣，需建设与之配套的治理装置。由于我国粮食资源有限，淀粉含量高的薯类作物如木薯是极好的原料，开发边际性土地、选育优质木薯品种，形成木薯原料收集—加工—产品销售的产业链条，是今后燃料乙醇产业化生产的一条可行之路。

2. 纤维素类原料生产乙醇的问题

利用纤维质原料生产乙醇工艺的研究和开发是现在国内外学者重点关注的问题，如何开发出高效且廉价的纤维质原料预处理技术、如何选育诱变产高酶活的纤维素酶生产菌株、构筑能够同化五碳糖的菌株及实现相对高浓度发酵等是降低纤维乙醇成本的重点所在。

纤维质原料必须要先经过充分的预处理操作，再通过水解转化为糖，然后发酵生成乙醇。纤维质原料的预处理很重要，如今还未完全掌握，其主要成分很难转化成糖。浓酸与稀酸水解工艺，由于其技术成熟，将被用于工业化生产，但是稀酸水解会产生大量副产物；浓酸水解生成的副产物较少，然而废酸的循环利用又会使过程的成本增加，再加上硫酸的腐蚀性强，处理起来比较复杂，因而工艺更为复杂。浓硫酸与稀硫酸工艺的进行都要有高温条件，故可能会造成糖衰变，使碳资源的利用率降低，进而使乙醇产率有所降低。这些因素都会阻碍纤维质燃料乙醇成本的降低。因为受制于纤维素酶成本，所以这一工艺始终没能产业化。总之，纤维素类原料乙醇生产困难重重，产业化道路艰辛。

3. 木质纤维素类原料的其他利用方向

木质纤维素类原料还有其他的利用途径。常见的木质纤维素生物转化技术主要有汽化、热解、液化等，生物质汽化是生物质合理利用的一个重要途径，其基本过程为把生物质在汽化炉中干燥、裂解，进而得到含有 CO、H_2 以及 CH_4 的混合气体。这些混合气体可分离后直接使用或者进一步通过化学反应合成甲醇、烷烃以及烯烃等燃料与化学品。

木质纤维素类原料经热解转化能够获得生物油，不过因为生物油成分复杂、品质较差以及无法直接作为汽车燃料使用。故要经加氢脱氧、催化裂解以及乳化等手段提升生物油的品质。由于传统的生物油精制工艺较为复杂，设备和生产成本比较高，所以要寻求新的且高效的生物油精制方法。

木质纤维素类原料还可通过各种化学手段把木质纤维素大分子通过降解或者分解过程得到小分子化合物，这些小分子化合物通过纯化之后能够直接作为化学品，或者对其加以催化重整获取有工业意义的化学品。

近些年来，不同国家的很多学者在以化学手段转化木质纤维素得到化学品方面有一些研究成果，但这些技术都只停留在研究阶段，产业化还尚早。

第三章　生物质利用技术之粗放型利用

生物质作为新的可再生性、低污染的能源，受到人们极大的关注和重视，对它的应用也有了不少的研究和进步。作为生物质粗放型应用技术——燃烧，我们主要从两个方面来介绍，一是生物质利用技术之预处理技术，二是生物质利用技术之燃烧。

第一节　生物质利用技术之预处理技术

一、生物质压缩成型技术概述

该技术是在温度与压力的双重条件下，将处于分散状态的、无定形的生物质废弃物压制成型的技术，成型的燃料产品具有密度大、形状美观的特点。压制成型后的生物质燃料还有其他显著优点，如成本低、储存和运输都比较方便等；如产品在使用时易燃、燃烧性好、热效率高等；如产品质量密度大、颗粒均匀、含水量稳定等；此外，相对于化石燃料来说，生物质压缩成型产品还具有政策上的支持，环境友好，价格低廉。在应用方面，既可用于生活中做饭、取暖，又可用于工业用燃料，如工业锅炉、电厂等。对于传统能源贫乏的国家来说，生物质能源具有非常大的发展前景，可替代传统能源供人类使用。目前，市场上普遍存在的生物质燃料的产品形状有三种：棒状、块状、颗粒状。

进入 20 世纪 80 年代以来，我国在对新能源进行开发时就将注意力集中在了生物质压缩成型技术上，前期以进口设备为主，进口国家包含韩国、日本、荷兰、比利时等。随着我国综合国力和科研实力的提高，进入"七五"以后，我国的科研单位和企业相继展开了研发研究，主要研究的重点是生物质致密成型机及生物质成型理论。但由于设备自身性能差和相关产品的市场发展不开阔，导致研发工作难以进一步突破。在几年的研究与磨砺中，1990 前后我国研制生产了规模不同的生物质成型机和炭化机，主要有机械冲压式成型机、液压驱动活塞式成型机、电加热螺杆成型机等。该批产品是我国自主研发的第一批产品，整体上还存在一定的缺陷，如易磨损、寿命短、耗电量高等缺点。关于机器的研发，还需要进一步研究，化石能源的匮乏和生物质能源的兴起，为其研发提供了动力，也促使生物质成型燃料进入快速发展时期。当前，我国的很多企业和专业院校、研究院都已经成功地研发出各种类型的生产设备，如挤压式的、液压冲击式的、螺杆式的等，使生物质能源可以在不同的方面发挥作用，如发电、气化、木炭制备等。

虽然生物质加工设备已经生产出来并投入使用，但该技术存在的问题是不能被忽视的，还有待研究者进一步完善研究。基本问题包括：设备的核心部件使用年限较短、稳定性差；设备的应用范围较小。此外，该行业的产业发展还存在一定的缺口，产业链不够完善。所以，上述问题也就成了未来我国生物质压缩成型技术发展的主要方向，攻克这些难题，对生物质的利用会更加有效。

二、生物质压缩成型原理

（一）木质素黏结的影响

生物质压缩成型是根据其内部结构的黏结作用发生的，主要有木质素的软化黏结以及胶体的黏结，生物质中胶体的构成包括含自由基的水分、果胶质、糖类。能源植物中的可利用成分主要有纤维素、半纤维素、木质素、树脂以及蜡。其中，木质素（木素）是一种高分子化合物，由结构单体聚合而成，具有芳香族化合物的特性，具有复杂的三维结构，木素在植物组织中有增强细胞壁、黏合纤维的作用。木质素在不同的植物中含量是不同的，其中阔叶木、针叶木中木质素的含量为27%~32%（干基），在禾草类植物中的含量较前两者低，为14%~25%。前面已经对木质素的结构和溶解性进行了详细介绍，在此不再重复。

木质素是非晶体结构的，无熔点，但有软化点并伴有一定的黏度，软化温度为70~110℃。当温度继续升高到200~300℃时，木质素以熔融状态存在，此时的黏度增强。在外力的作用下，其能够与纤维素紧紧黏结在一起，从而大幅度减小植物的体积，增加密度。当外力消失以后，由于其具有非弹性特点，会保持压力作用下的形状不发生改变，待冷却后，强度会更高，即可得到人们所需的成型燃料。

因为不同生物质中的纤维素、木质素等的结构及组成单元不同，所以在对其进行加工成型的时候，难易程度以及成型效果也有所差异。

（二）粒子结合的影响

生物质原料在未处理加工前，其结构普遍疏松，空隙大、密度小，松散的颗粒之间以点、线、面相连接。当有外力作用于其上时，原料颗粒会发生物理变化，即位置发生重排、颗粒自身形状发生改变、塑性流变增大、密度变大等。

在这些物理变化的作用下，原料颗粒间的空隙会变小、各颗粒间的接触状态也相应改变，即接触的数量增多、接触面增大。在特定模具的压缩下，生物质会填满整个模具空间，使颗粒在原始尺度上重新排列，变得紧密结实，加大了堆积密度，进而使填充更加密实。在外力作用于原料时，生物质原料的颗粒结构常常会发生弹性变形，同时相对位移的改变也会使其表面遭到破坏。当外力作用强度逐渐加强，颗粒会由弹性变形转变为塑性形变，这一变化主要的作用力为应力，此时颗粒间的空隙会比前一阶段的空隙更小，密度也较之前的高。在该状态下的颗粒之间相互填充得相当紧实，黏弹性纤维之间相互黏结，当外力撤除后，已经被压缩成型的生物质将不会再恢复到原来状态，此状态即达到了压缩工艺的目的。

（三）水分含量的影响

生物质内部的水分子以自由基的性质存在，并填充于各个团粒之间，当有压力时，水就会与果胶质、糖类相混合，以胶体的状态存在，同黏结剂一样，胶体具有黏结作用。此外，水分还能够降低木质素的熔融温度，这对生物质的成型处理更加有力，使其在较低加热温度下就可成型。生物质中的水分虽然有利于加工成型，但含水量应该在适当的范围内，超过或少于这一范围的数值，都会导致无法成型。例如，生物质含水量低于适当值时，颗粒的二向平均径较小，粒子不能充分延展，与其他粒子结合的紧密度不够，导致成型失败；生物质的含水量高于适当值时，虽然在应力的作用下延展性较好，粒子之间的啮合程度也较高，但过多的水分也会同时存在于粒子层中，导致层与层之间的紧密程度不够，进而导致成型结果失败。

（四）电势的影响

根据动电学理论，当固体与液体相接触时，会在固体表面发生电荷吸附的现象，从而使固体表面带有一定的电荷，同时液体部分会带有与固体表面电荷相反的电荷扩散层，因此就构成了双电层。由这两种带电电荷构成的电势差，即为 F 电势。在生物质被压缩成型的过程中，F 电势具有阻碍作用。因此，为了能够有效获得生物质成型产品，提高成型燃料的品质，控制 F 电势的绝对值降低是非常重要的。生物质中影响 F 电势大小的因素有很多，如生物质颗粒与水接触的时间长短、浓度、温度、添加剂等。因此，针对这些限制因素采取相应的措施，对降低 F 电势的绝对值有较好的效果。

三、生物质压缩成型主要影响因素

对生物质成型影响的因素可以归纳为三个方面：一是生物质原料本身；二是设备条件；三是压缩条件。其中，原料本身的影响又可分为种类、含水量、颗粒度等，设备条件是指成型压力与模具尺寸，而压缩条件即指加热温度和挤压速度。

（一）原料种类

原料的种类是影响生物质压缩成型的根本因素，对于不同种原料来说，压缩条件存在差异，导致这种差异的根本原因是生物质原料中所含的木质素和纤维素的含量不同。当压缩成型的温度为常温或低温时，含纤维素丰富的植物比较容易成型，木材类原料则不易成型；当对压缩工艺进行加热或处于高温时，纤维素的成型能力反而会减弱，木材类的原料成型较好，这是因为纤维素含量丰富的植物含木质素少，高温下黏结能力较弱，不易成型。而木材原料中的木质素含量丰富，在高温下容易被软化而发生黏结，所以其在高温下比纤维素类植物更易成型。

（二）原料含水量

在压缩成型时水分起到黏结、润滑和热传递的作用。含水量太低，影响木质素软化，物料内摩擦力和抗压强度增大，压缩成型时所需的压力增大、能耗增高。含水量太高，热量传递将会受到影响，并增大了物料与模具间的摩擦力，压缩成型困难，成型燃料的质量差；在高温时，大量水变成蒸汽，而没有及时从孔中排出可能会发生气堵或"放炮"现象。虽然原料中的木质素含量不同，但成型所需的适宜含水量基本一致。举例来说，如果要制备颗粒型的生物质燃料，则原料的适宜含水量应该在 15%～25%；但如果是制备棒状的燃料，对含水量的要求则会更低，含水量的值应在 10%以下。

（三）原料颗粒度

原料粒度和均匀性的差异影响生物质压缩成型燃料的成型质量、成型机的效率、产量及能耗等。小颗粒有充填特性、流动特性和压缩特性，所以，在实际应用中，粒度小的原料要比粒度大的原料更容易压缩。原料粒度过大，容易造成成型机工作不稳定、进料困难、压缩设备能耗大且产品的成型效果不理想。

此外，粒度的均匀性也是影响压缩成型的重要因素，当粒度差异较大时，成型的产品表面容易产生裂痕，导致成型产品的密度降低、强度减小。当然，这种影响不是一概而论的，其与成型方式的选取有关。具体来说，如果选用的成型方式是冲压成型，那么就要求原料的颗粒度稍大为宜，或要求纤维含量高一些，此时的颗粒度易于冲压成型。如果颗粒度过小，反而不利于冲压成型。

（四）成型压力与模具尺寸

对生物质原料施加压力的主要目的是：①破坏物料原来的物相结构，组成新的物相结构；②加强分子间的作用力，使物料变得致密均实；③为物料在模内成型及推进提供动力。

随着成型压力的增大，成型块物质的结合力增大，结合强度提高，致密度大。当压力达到一定值时，颗粒的机械性能和松弛密度趋于平稳，无法产生明显变化。

如果成型压力不足够大，成型燃料的密度就会受影响，达不到生产标准，同时会增加与模具之间的摩擦力，使成型工艺难以进行；当成型压力达到一定程度后，原料的成型效果较好，成型产品的表面也相对比较光滑，密度符合生产标准；但是当成型压力超过一定值时，虽然成型的速度提高了，但其内部会因为受力不均而导致成型产品密度不均匀、强度降低、热值不达标等问题。

模具尺寸的影响主要与成型机的选取有关。目前，应用的机器类型以挤压成型为主，原料从模具的一端被压入，再从另一端被挤出，这一过程受成型压力及模具尺寸、大小的影响较大。在实际生产中，建议综合考虑各种影响因素，进而选择恰当的模具尺寸。

（五）加热温度

首先，温度的高低对木质素的影响是最明显的，在加热到一定温度时，木质素会被软化，呈熔融状态，有利于物料的成型；其次，加热还会使压缩物料的表层发生炭化，减少挤压所需的动力；最后，要使物料能够成型，就需要破坏其内部的分子结构，因而需要更多的能量，加热能够提供这一过程所需的能量。

（六）挤压速度

对生物质压缩成型的影响因素除了上述五种情况以外，挤压速度也是一方面。挤压速度既对生产效率有影响，还对产品的质量有影响。如果在生产中挤压过快，则未完全成型的产品内部依然存在较大应力，这种作用力会导致产品在出口处膨胀，使产品密度降低。如果挤压过慢，则促使未完全成型的产品密度过大，过程中消耗的能量就会增多，增加了生产成本。所以，在过程中控制适当的挤压速度和停留时间，可以提高生产效率和产品质量。

四、生物质压缩成型工艺特点

在当前阶段，应用较多的生物质压缩成型工艺主要有三种：湿压成型、热压成型、炭化成型。

（一）湿压成型工艺

该工艺方法需要将原料先进行浸泡，浸泡过程会促使原料皱裂，降解。经过腐化处理后的原料，其内部能量会有一定程度的降低，较风干原料更易挤压，加压性会明显改善。该方法适用于生产纤维板，也可利用其生产压缩成型燃料，只不过该生产工艺过程中需要将原料中的水分降低到一定范围内。

（二）热压成型工艺

该工艺技术是当前普遍采用的生物质加工工艺，具体的工艺流程如图3-1所示。

图3-1　热压成型工艺流程

（据袁振宏，生物质能高效利用技术，2014年）

热压成型技术根据其工作原理不同，可分为挤压式成型技术和冲压式成型技术。这两个种类又可以细分为不同的成型技术类别，具体的分类（图3-2）及相应的介绍如下。

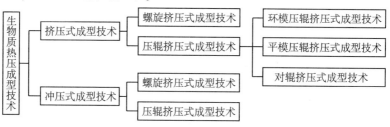

图 3-2　热压成型技术分类

(据袁振宏，生物质能高效利用技术，2014 年)

1. 螺旋挤压式成型技术

该技术主要是应用机器的螺杆挤压生物质原料，并通过外部加热使成型温度维持在一定的范围内。当原料在加料口加入以后，原料会进入螺旋杆与套筒之间，在该部位加热的条件下，原料中的木质素、纤维素等会被软化，进而被压缩成型。

该机器的优点：操作简单易控、运行平稳；棒状的产品具有易燃性；运营前期资金投入少；生产的产品可用来制备木炭，提升价值品位。

该机器的缺点：生产单位量产品耗能高。

2. 环模压辊挤压式成型技术

该成型技术利用该机器的动力驱动，使部件压辊或环模进入工作运转状态，在生物质原料被加入以后，与运转的部件产生摩擦，同时伴随着挤压，一方面原料在不断的挤压下会进入环模成型孔内，另一方面挤压和摩擦会使内部温度升高，在此环境中，模孔中的生物质原料会逐渐软化，最后发生塑变。随着设备的不断运转和挤压，原料最终被挤出模孔，即获得最终的成型燃料。

该成型机还可按照压辊的数量进一步分类，主要有单辊式的、双辊式的和多辊式的。

该机器的优点：高度自动化、产量大、可规模化和产业化发展。

该机器的缺点：投入资金较高、主要部件易磨损。

3. 平模压辊挤压式成型技术

该成型技术是利用压辊和平模盘之间的相对运动，使处在间隙中的生物质原料连续受到辊压而紧实，相互摩擦生热而软化，从而将生物质原料强制挤入平模盘模孔中，经过保型后达到松弛密度，成为可供应用的生物质成型燃料。

平模压辊式成型机按执行部件的运动状态不同，可分为动辊式、动模式和模辊双动式三种，后两种用于小型平模式成型机，动辊式一般用于大型平模式成型机；按压辊的形状不同又可分为直辊式和锥辊式两种；按成型孔的结构形状不同可以用来加工棒状的、块状的和颗粒状的燃料产品。

其优缺点为：对原料的粉碎度要求较低以及对原料中水含量的适应性较强；耗电高，且因模具的限制而使产量降低。

4. 对辊挤压式成型技术

该成型技术依托于该机器设备，利用机器中的两个空心滚筒进行相互滚压，并形成线速度差，从而形成了一个挤压腔，将填入的原料挤压到成型模腔内，最终压缩成成型燃料。由于原料的力传导性能非常差，在滚筒间线速度差存在的条件下，就促使其在进入成型模腔之前，被挤压腔内的切力进行剪切，导致原料中的纤维素结构发生错位和变形，使原来立体的架构变成扁平的薄片。这样力传导所受的阻力就会大大减小，使其在较小的压力下实现原料间的相互嵌合、叠加，以新的包裹组合形式而成型。

该机器的优点：体积小、节能性好、对原料的适应性较好，机器在应用中的损耗低等。

该机器的缺点：生产力较低，仅可用于中小型规模的生产。

5. 机械活塞冲压式成型技术

该技术是以该机器在其电动机带动飞轮转动下来储存能量的，通过曲轴或凸轮将飞轮的回转运动转变为活塞的往复运动。该成型机器类型还有单头的、双头的和多头的机器，这是以机器所具有的成型燃料的出口数量来划分的。

优点：对机器的磨损情况有所改善，生产能耗大幅降低，使用寿命可达 200h。对原料的粉碎要求较低，原料来源比较广泛。

缺点：该机器因振动负荷较大而导致运行稳定性差，噪音污染严重，润滑油污染严重等。

6. 液压活塞冲压式成型技术

该技术利用机器液压油泵产生的压力来推动液压活塞做往复运动，借助活塞的运动压缩原料成型。该机器还有不同的类型，如单向和双向成型机器，还有单头、双头、多头的机器类型。前面两种是按照油缸的结构进行分类的，而后三种则是根据成型燃料出口的数量来分类的。

优点：机器运行较稳定，噪音较小，操作环境更加适宜。

缺点：由于活塞的往复运动速度降低了，造成了产品的质量不均一，产量降低。另外，由于主机构造以及与其他部分的连接，导致整体组件占据了较大的面积。

（三）炭化成型工艺

生物质的炭化成型技术根据不同的工艺可分为先成型后炭化、先炭化后成型两种。第一种工艺类型可分为两个阶段，即生物质原料先在成型加工机器的加工下，转化成密度和形状较适宜的成型燃料后，再在炭化釜内将其加工成炭化产品。第二种工艺类型也可划分为两个阶段进行，即先将生物质原料做炭化加工处理后，再用黏结剂在挤压的条件下使其成型。第二种工艺类型在加工的过程中，生物质中的纤维结构在第一阶段会被破坏，高分子结构的纤维素裂解，转化成炭和挥发分，因此，对它的加工也变得更容易，进而降低了对机器部件的损坏和能量消耗。虽然该工艺的优点是十分明显的，但缺点也随之显现，即经过炭化处理的原料在挤压时其成型性较差，成型产品在运输的过程中容易破碎，储存和使用时也会使产品碎裂，所以，对它的加工不可缺少黏结剂。如果在不使用黏结剂的条件下保证产品质量和使用性能，只有通过增加成型压力来实现，那么，会提高造价成本。

如果两种工艺单独运行，利弊均有，不能达到最优化。但如果要将二者结合起来，就会得到优于两者的工艺技术，即新的工艺技术就是在压缩套筒内增加热解炉装置，这样原料在被压缩成型的过程中直接炭化，挥发分也会被储留在罐内。因此，既能获得产品质量较好的高热值产品，又能收集焦油及燃气等副产品。

五、生物质成型燃料性能指标

衡量燃料性能的指标一般包含松弛密度、原料压缩比、机械耐久性等，而对于以燃烧为主的生物质燃料，除了上述所列的指标外，还包含热值指标和工业分析指标。而这些指标是否达到了最优化，与原料的加工工艺有关，如原料的处理方式、压缩成型的方式与压力大小、模胚的形状、原料的物理特性等。

（一）松弛密度

密度参数是生物质加工成型工艺中的重要参考量，可以用来衡量成型燃料和加工机械的性能。刚刚加工成型的燃料在脱离了模具以后，由于产品具有弹性形变和应力松弛，所以产品的密度会发生变化，直到一定时间以后，密度变小并趋于一个稳定值，而这时的燃料密度就是产品的松弛密度。由于此时的密度参数已经基本稳定，所以可以将该松弛密度参数作为刚成型时的燃料产品的密度，并用于衡量成型燃料的物理性能和燃烧性能等。由于刚脱离模具的成型燃料内部存在一定的力，还不十分稳定，所以松弛密度的值要比产品脱离模具之前的最终压缩密度小。成型燃料的松弛密度不仅受生物质种类的影响，还与工艺条件的差异有关。例如，不同种类的生物质原料，其含水量和组成成分均不同，所以即使是在压缩条件相同的情况下，产品的松弛密度也会不同。成型产品的松弛程度可用松弛比来描述，它是一个无量纲的参数，是指原料的最大压缩密度与松弛密度的比值。在最大压缩密度恒定的前提下，松弛比越小，那么燃料的松弛密度就越大。对于同一种原料，可通过两种途径来提高产品的松弛密度：第一种是通过控制压缩的时间来调整模具内产品的应力松弛和弹性形变，以使产品在脱离模具以后其压缩密度不会减小；第二种是通过改变原料的粒度以及压缩条件（如压力、湿度等）来减小燃料内部之间的空隙，增强各原料之间的结合力。

关于松弛密度的测定方法，在农业行业标准《生物质固体成型燃料试验方法 第7部分：密度》（NY/T1881.7—2010）中有详细的说明。具体的测量操作过程为：先称取一定量的样品并用蜡将其表面涂封，使样品与水分相隔离；然后分别测量样品在空气和在水中的重量，二者的差值即为浮力；最后再计算蜡与样品的总体积以及减去蜡体积后的样品体积，进行密度的计算。如果成型燃料的外形是规则的，那么也可以用燃料的质量和体积进行密度的计算，即密度=质量/体积。

（二）原料压缩比

原料压缩比是指原料被压缩前的密度与压缩后的密度的比值。因为原料中含水量是不相同的，导致各原料的初始密度也会不同，所以对于松弛密度相等的产品来说，其原料的压缩比仍是不相等的。成型燃料与它的原料相比，最突出的特点就是密度值变大了，一般密度会增大到原料密度的几倍甚至是几十倍。

（三）机械耐久性

它是成型燃料的另一个重要指标，衡量的是成型燃料储藏性能和使用性能。这是松弛密度指标无法衡量的，所以就储藏和使用来讲，松弛密度无法全面地、直接地反映燃料在使用要求方面的差异，而机械耐久性恰好可以弥补这一缺憾。

机械耐久性可分为抗变形性、抗碎性、抗渗水性、抗吸湿性等。

(四) 热值

定义：1kg 某种固体（气体）燃料完全燃烧放出的热量称为该燃料的热值，属于物质的特性，符号是 q，单位是焦耳每千克，符号是 J/kg。热值反映了燃料燃烧特性，即不同燃料在燃烧过程中化学能转化为内能的本领大小。

在燃料化学中，表示燃料质量的一种重要指标。单位质量（或体积）的燃料完全燃烧时所放出的热量。有高热值（higher calorific value）和低热值（lower calorific value）两种。前者是燃料的燃烧热和水蒸气的冷凝热的总数，即燃料完全燃烧时所放出的总热量。后者仅是燃料的燃烧热，即由总热量减去冷凝热的差数。

燃料热值的大小与原料的种类有很大的关系，而与燃料本身的形状和密度的关系不大。对于不同种类的原料来说，它们之间的高位热值并没有特别大的区别，但低位热值的差别是非常大的，主要受原料中水分的影响较大。

(五) 工业分析指标

该指标对实际燃烧应用具有很重要的参考价值，其具体包括四个分析项目指标，即水分、灰分、挥发分、固定碳。对于不同的应用条件，对工业分析的指标也有相应的改变。例如，以秸秆为原料的环模颗粒类的燃料，原料的工业分析指标中水分值为 8%～15%、灰分 5%～12%、挥发分 60%～75%、固定碳 8%～15%。

除了上面所列的四项指标外，在某种特殊情况下，燃料的含硫量和含氮量也可作为指标对成型燃料进行评价，即通过燃料燃烧时排放的含硫化合物和氮氧化物排放量等来衡量。生物质能源与煤炭能源不同，其含氮量和含硫量一般比较低，分别在 0.5%、3% 以下，所以燃烧时不必进行脱硫和脱氮处理。

第二节　生物质利用技术之燃烧

一、生物质直接燃烧概述

燃烧是生物质在加热的条件下，其可燃性组分与燃烧因子相接触后，在温度许可的情况下发生的化学反应，进而将其中的化学能转变成热能的过程。在整个化学变化发生的过程中，存在能量平衡和质量平衡，二者可通过化学方程式来计算，并对反应前后的状态进行准确描述。

（一）生物质燃烧基本过程

生物质燃烧的基本过程可分成五个阶段：干燥、挥发分析出、挥发分燃烧、固定碳的燃烧、燃尽阶段。具体的燃烧过程和特点如下：

（1）干燥。干燥是燃料在相对较低的温度下（≈100℃）水分被蒸发的过程，当温度达到100℃且不断升高的时候，燃料中的水分也会不断被蒸发，最终处于干燥状态。这一阶段通常持续的时间较长，且消耗的热量较多，这是因为燃料的含水量较高。也正因为如此，挥发分析出的时间和燃烧的时间都被相应地延后了。

（2）挥发分析出。挥发分是指除生物质中的水分外，其在加热条件下受热分解而析出的部分气态物质。挥发分的析出需要较高的温度，其主要类型为碳氢化合物、碳氧化合物、氢气、焦油蒸汽等。

（3）挥发分燃烧。当体系温度能够达到挥发分燃烧所需的温度时，挥发分立刻发生燃烧，挥发分发生燃烧的温度即着火温度。挥发分的组成成分较复杂，燃烧的先后顺序也不同。当先发生燃烧的可燃性气体在燃烧时，会释放能量，使内部温度进一步得到提高，使挥发分析出更快、更彻底，同时进行燃烧。挥发分燃烧阶段是整个过程中放热量最多的阶段，热量占生物质燃烧总热量的70%以上。

（4）固定碳的燃烧和燃尽阶段。固定碳的燃烧受前一阶段燃烧的影响较大，一是因为前一阶段燃烧消耗了大量的氧气而使本阶段的燃烧受到限制，二是因为前一阶段的燃烧增加了固定碳的温度，当温度上升到固定碳的着火温度时，固定碳进入燃烧阶段。当固定碳中的可燃烧组分逐渐被消耗尽时，此时为生物质的燃尽阶段。燃尽阶段是灰分大量产生的阶段，同时产生的灰分包裹着未燃烧的炭粒，使氧气无法与其接触，进而阻止炭粒充分燃烧。生物质的含碳量较低，所以燃料在此阶段的燃尽时间较短，并最终成为灰烬。

和生活中常用的燃煤相比，生物质燃料的含氧量一般在30%以上，且H/C与O/C的比值均较高，挥发分含量较高，燃烧后的灰分较少。因为生物质燃料的基本特性不同，与燃煤相比，二者之间的燃烧机理、反应速率、产物成分等均有较大差异，进而导致二者的燃烧特性不同。生物质燃烧过程的特点可以总结出以下几点：①因生物质的含水量较高，所以其干燥温度就较高，同样干燥的时间也相应会被延长；另外，干燥过程是产生烟气量最多的阶段，相应的热量损失也就较多；②成型燃料密度不达标，结构松散，在风力较大的条件下易被吹起，所以悬浮燃烧占大部分；③成型燃料燃烧产生的热量低，阻碍了燃烧室温度的升高，从而使组织结构较稳定的燃料不易燃烧；④因为挥发分占生物质燃料的大部分，且其燃烧所需要的温度不高，所以当燃烧室温度升高到 250~350℃ 时，挥发分就会进入燃烧阶段，如果此时不能供应足够的空气，那么挥发分就不能完全燃烧，最终导致燃料的燃烧损失；⑤由于挥发分的燃烧产生了大量的灰烬并覆盖在焦炭颗粒上，阻碍了焦炭颗粒与氧气的接触，进而导致其无法顺利燃烧。如果此时不采取措施将其解决，会进一步加大燃料的燃烧损失；⑥有些生物质燃料（如秸秆等）中含有较高的氯，会对床层产生腐蚀副作用，为了防止腐蚀的发生，需对床层的结构和运行进行特殊构造。此外，秸秆在不同的季节其含水量是不同的，水分差值较大，所以在对燃烧设备进行设计时，应该考虑其对热值的适应性。秸秆中除了含有氯以外，还有较高含量的碱金属元素（如钠离子、钾离子等），燃烧的过程氯元素会与碱金属元素发生化学反应，生成氯化物等化学物质并凝结在颗粒和设备的内壁上，最终形成积灰和渣滓，这些燃烧副产物会极大地降低设备的安全性能和稳定性能，所以，在对燃烧设备进行设计时，还要将此因素考虑在内。

生物质直接燃烧的特点：①生物质燃烧虽然会释放一定量的 CO_2，但其释放出来的 CO_2 量与其光合作用时吸收的 CO_2 量相等，所以，可将其看成是零排放 CO_2，对缓解温室效应有一定的效果；②生物质燃烧后的副产物，如灰渣等，还可被用作其他的用途；③生物质燃料可与其他燃料混合燃烧，如矿物质燃料等；④燃烧所使用的设备成本不高，且应用相应的设备可以实现生物质资源合理利用，避免浪费和污染环境，因此，综合各方面因素来说，直接燃烧技术具有一定的经济性和良好的开发前景。

（二）生物质燃烧设备类型

目前，直接燃烧技术所应用的设备通常包含两种类型，炉灶燃烧和锅炉燃烧。前者的优缺点：易操作、适合投资；燃烧效率低，资源浪费严重；后者的优点是燃料利用率高，可用于集中的、大规模的生物质资源利用。对锅炉燃烧设备进行细致分类，可按照燃烧生物质的品种及燃烧方式的不同来分，按照前者分类，可分为木材炉、薪柴炉、秸秆炉、垃圾焚烧炉等；按照后者分类，又可分为流化床锅炉、层燃炉等。

1. 农林废弃物开发利用技术

农林废弃物属于废弃物的组成成分之一，是一种重要的生物质资源，也是一种可再生资源，农林废弃物能源转化利用是可再生能源领域的研究热点之一，主要包括秸秆、稻壳、食用菌基质、边角料、薪柴、树皮、花生壳、枝桠柴、卷皮、刨花等。

农林废弃物中含有多种可利用物质，其中纤维素和半纤维素是重要的两种。纤维素是木质生物质的重要组成部分，是地球上含量最丰富的可再生资源。纤维素可转化为清洁燃料和化学品乙醇，其转化的关键是寻找有效途径，将纤维素水解为葡萄糖等可溶性发酵糖。

对该资源的开发利用，普遍采用的技术是生物质层燃技术。在该领域，丹麦 ELSAM 公司对 Benson 型锅炉进行了改造，改造后的设备包含两段加热装置，同时设置有四个物料供给器，这样农林废弃物在炉栅上可以实现完全燃烧。在改造的过程中还对炉膛和管道做了特殊处理，即增加了纤维过滤装置，以增加对设备的保护。经过改造的设备，呈现了良好的适应性和实践性，整个工艺过程中，设备的运行情况良好，具有较高的经济性和使用价值。

针对秸秆燃烧设计的燃烧室，以双燃烧室构造设计为主。其中，主燃区为第一燃烧室，安置在炉膛的前端，辅助燃烧区为第二燃烧室，安置在炉膛后端，两个燃烧室中间用挡火拱隔离开。该设计结构有利于秸秆与高温的烟气、空气混合，延长物料在炉内停留及燃烧的时间，增加秸秆燃烧的充分性，且设备运行状态良好。

2. 城市生活垃圾焚烧技术

21 世纪，我国城市化进程加快，城市人口逐渐增多，为了满足人们的基本生活需求和高品质的居住环境，城市建设也在不遗余力地进行着，城市在向前发展的同时，垃圾废物也在增多，且垃圾多具有"灰分少、热值高"的特点。城市生活垃圾的增多催生了环保产业的飞速发展，即以焚烧技术为典型的新型垃圾处理技术快速地发展起来。在该技术诞生之前，对垃圾的主要处理方式是填埋，与该处理方式相比，焚烧技术的开发与利用对环境保护和资源利用都有很好的优势。

面对大量的城市垃圾，20 世纪 80 年代末深圳首先从日本引进了两台"三菱—马丁"设备，用来处理城市生活垃圾，引进的设备每天可处理150t 的垃圾，这也是我国首次应用焚烧技术来处理生活中产生的垃圾。看到垃圾焚烧后带给人们的健康的生活环境，我国也把研发转移到了焚烧炉的研发上。

1996 年，在我国深圳生产出来了第一台自主研发的垃圾处理设备——垃圾焚烧炉，该锅炉采用单锅筒自然循环技术，烟道冷凝的设计以膜式水冷壁结构为主，烟气污染物则用静电除尘装置来处理。作为我国自行研发生产的第一台垃圾焚烧炉，其被建成并投入使用后，其各项技术性能和运行指标均能够满足设计的要求，更重要的是它为我国处理城市生活垃圾构建了重要的清洁途径。所以垃圾焚烧技术作为处理城市生活垃圾的主要技术，被人们广泛认可。但在垃圾处理过程中产生的尾气等污染物，以及设备的燃烧效率方面，还需要进一步的改进和完善。

3. 生物质流化床直接燃烧技术

对生物质直接燃烧技术的开发与利用，就目前国内外的发展情况来看，对生物质燃烧具有较好的适应性的锅炉为流化床锅炉。该种类型的设备具有较大的负荷调节范围，机床内的工质颗粒运动非常剧烈，增加了设备的传质性能和传热性能，使烟气及空气与燃料混合得更加充分，为生物质燃料的燃烧提供了良好的着火条件。由于燃料停留在床内的时间充分，所以生物质的燃烧是彻底的，这也提高了锅炉的使用效率。除此之外，锅炉还具有减少 NO_x、SO_2 等有害物质生成的优势，这是因为流化床的锅炉可以长时间保持在高温（850℃左右）条件下燃烧，且稳定性较好，燃料燃烧后不容易形成渣滓等块状物，因而其经济效益和环保效益是十分显著的。

针对近些年学界对生物质直接燃烧技术的不断研究与改善，我们进行了大量的分析与比较，并总结出以下三条结论：①燃烧方式无法实现统一化，进而导致资源利用化无法实现；②针对不同的燃料类别，开发不同的燃烧技术以及与之相匹配的设备，提高燃烧效率；③基于燃烧设备在空气动力场方向的研究资料和尝试较少，所以，可在此研究方向上展开扩展。

（三） 生物质成型燃料燃烧特性

生物质成型燃料可以代替煤被广泛使用，而根据生物质的燃烧特点对其进行分类，可应用于不同的领域，如家庭生活、中小型锅炉加热、热风炉等，是除了煤炭以外的最主要的生物质能源。

当前，我国在对燃料的设备利用上普遍存在两个误区：第一是不足够了解该种类型燃料的燃烧特性，注意力过于集中在对燃煤炉的改造上，妄想使其适用于所有成型燃料的燃烧，结果导致一系列问题接踵而至，不仅浪费了新型能源，还对锅炉造成了严重的损害；第二是缺少燃烧设备的工程定型试验标准，这就使燃料设备在设计的过程中缺少了工程参数，导致燃烧设备设计的盲目性，进而引发了一系列问题和事故。

1. 生物质成型燃料燃烧特点

经过成型处理的生物质燃料，与未处理前的散料相比，其热值和灰分等无明显的变化，但加工成型处理后的燃料其含水量会有所降低，密度变化最大，其密度可增加到约 1.0t/m³，这使得挥发分的溢出速度有所降低，由外向内的燃烧过程变得相对缓慢，着火温度也随着上升，点火性能比未加工前的燃料降低了。

此外，与传统的煤炭燃料相比，成型燃料在燃烧时，当温度达到约200℃时开始析出挥发分，约在 550℃时达到挥发分溢出和分解的温度，此后燃烧就会进入动力区阶段。该阶段仍然以挥发分的燃烧为主，待其燃尽以后，剩余的成分为焦炭。焦炭的结构与其他成分相比，具有相对紧密的骨架结构，使气流无法在其内部进行运动，进而使焦炭无法进入解体的过程。这一原因导致了焦炭燃烧主要以层状燃烧为主，并因此形成层状燃烧中心。处于该状态下的炭燃烧所需的氧气与扩散进来的氧气量保持一定的平衡，使燃烧保持较稳定的状态，炉内温度较高。此种阶段式的特点可以给我们提供利用的空间来解决燃料燃烧中存在的一些问题。通过实践得出结论：成型燃料的燃烧过程是以匀速燃烧进行的，因此其需氧量也是较稳定的，该需氧量与外部渗透扩散进来的氧气量相匹配，使燃烧始终保持在平稳状态，与型煤的燃烧相接近。

2. 生物质成型燃料点火性能

成型燃料的点火性能可以概括为：加热逐渐升高温度→燃料中的水分部分蒸发→析出部分具有可燃性的气体→温度继续升高，达到可燃气体的着火点，燃料外围开始燃烧→燃烧从燃料的表面开始并向周围及其内部扩散→挥发分进一步析出→燃料进行激烈燃烧→点火过程结束。在实践中发现，点火过程和燃烧过程的机理基本相同，二者唯一的不同点在于温度供给有所不同。前者温度升高是因为外来热源的加热导致的，而后者所需的热量是燃料自身供给的。

由于生物质成型燃料具有一定的形状和紧密的结构，使挥发分析出速度有所减慢，同时也阻碍了热量的快速传递，进而减少了燃料燃烧在点火时所需的氧气（与未加工前的生物质燃料相比），因此其点火性能相对有所降低，但与型煤相比，其点火性能还相差甚远。所以，从总体来看，成型燃料的点火特性与生物质原料的点火特性还是非常接近的。

3. 生物质成型燃料燃烧机理

生物质成型燃料由于其特殊的结构和原料的性能等特点，其燃烧的起点是成型燃料表面挥发出的可燃物，其次是气体，最后是焦炭成分。燃烧从升温开始，然后快速进入过渡区；成型燃料的温度从表面开始升高并逐渐向内层传导，随着温度的升高，可燃性气体会随之挥发出来，在高温下发生燃烧；焦炭的燃烧产物主要有 CO_2、CO、CH_4 等气体，这些气体从内向外扩散出来，同时因受热膨胀，燃料内部的灰层会出现空隙及裂纹，加速了气体的析出，同时氧气也更容易进入体系内部，加速了焦炭骨架的形成，进而燃烧进入更激烈的氧化阶段。氧化燃烧阶段的温度较高，放热量巨大，是整个燃烧过程中最重要的阶段。

从燃烧速率的角度来说，直径较大的成型燃料比直径较小的成型燃料的燃烧速率更稳定。在燃料燃烧的初始阶段，燃烧的平均速率随着燃料直径的变化而变化，一般规律为直径越大、燃烧速率越大。出现这一现象的原因主要是直径较小的燃料，其燃烧过程较短，短时间内就可以燃烧至燃料的中心，进而进入燃烧的结束阶段；而直径较大的燃料，其燃烧的过程所需的时间较长，燃烧至燃料中心的时间也就随之延长，释放的热量更多，所以，炉内温度保持稳定的能力也就越大。

二、生物质直接燃烧应用实例

（一）生物质直接燃烧发电技术

生物质直接燃烧发电的关键技术包括生物质原料预处理、锅炉防腐、锅炉的原料适用性及燃料效率、蒸汽轮机效率等技术。直接燃烧发电技术是目前世界范围内总体上技术最成熟、发展规模最大的现代生物质能利用技术，主要应用于大农场或大型加工厂等生物质资源相对丰富的区域，对该区域的生物质废弃物进行再利用，实现能源燃烧利用和发电系统能源利用效率。

（1）英国生物质发电。英国最具规模和效率的秸秆燃烧厂——伊利发电厂，位于英格兰东部，容量 38MW，每年消耗从半径 80km 的范围内收集来的 40 万包秸秆，可为当地 8 万个家庭供电。后来英国又建设了一座规模更大的以木材混合物为燃料的 44MW 的新型发电厂，该电厂位于苏格兰洛克比小镇。洛克比发电厂最开始使用的燃料是森林凋零树枝、林业加工余料等，每年消耗 47.5 万 t 可再生木材，其中包括 9.5 万 t 短轮伐期灌木林。

（2）河北晋州秸秆燃烧发电。该发电项目是我国第一个以生物质燃料——秸秆为燃烧物开发的新型发电项目，建筑规模也是相当大的。该厂发电所消耗的秸秆量为 17.6t/a，产生的总电量为 1.32 亿 kWh/a，总收益约 1850 万元/a。该电厂的筹建并启用，极大地减少了向大气中排放二氧化碳的量，减排达 178626t/a。另外，该电厂与同规模的燃煤火电厂相比，可节约煤用量 6 万 t/a，同时燃煤量的降低也使向大气中排放的含硫污染物

（主要是 SO_2 气体）减少了，烟尘排放量约减少了 400t。该厂采用 2 台无锡华光锅炉厂的 UG75/3.82-J 锅炉。燃料以玉米秸秆、麦秸等为主，工作情况较稳定，但实际热效率低于设计值。燃料采用打包的形式收购，半封闭储存。

（3）山东枣庄华电国际十里泉发电厂秸秆—煤直接混合燃烧发电。该发电厂采用的是从丹麦 BWE 公司引进的秸秆发电技术，静态投资 8357 万元，发电机组容量 140MW，燃料为煤粉/木屑混燃，混燃比例 18.59/5（热容量比），进料方式为秸秆与煤分别喷入炉内后混合燃烧。项目于 2005 年 5 月对其 5#燃煤发电机组（140MW 机组，锅炉 400t/h）进行秸秆—煤粉混合燃烧技术改造。于 2005 年 12 月 16 日投产运行，秸秆燃烧输入功率为 60MW，占锅炉热容量的 18.5%，秸秆耗用量为 14.4t/h，可以替代标煤 10.4t/h。机组每年可使用 10.5 万 t 秸秆，相当于替代 7.56 万 t 标煤（20930 kJ/kg）。该项目是我国第一台秸秆—煤粉混合燃烧发电项目，对在我国推广生物质混合燃烧发电技术具有良好的示范作用。

（二）生物质流化床燃烧技术

1. 主要技术构成

（1）燃烧组织。为了使秸秆生物质充分地燃烧和燃尽，锅炉燃烧系统采用两级配风系统。由于物料充分循环，循环流化床锅炉可以实现炉内均匀的温度控制，炉内均匀的温度水平，有利于固定碳的燃尽，同时，通过高效率的旋风分离器，可以把未燃尽的固定碳分离，送回炉内燃烧，进一步降低飞灰的含碳量，因此，秸秆循环流化床锅炉的燃烧效率可以达到99%以上。

为了降低生物质燃料燃烧过程中产生的二氧化硫和氯化氢，锅炉设有石灰石加入系统，石灰石进入炉膛后，经过煅烧分解为氧化钙，氧化钙在低温下和烟气中的二氧化硫反应生成硫酸钙，通过物料的多次循环，可以提高氧化钙的利用率，通常循环流化床的脱硫效率可以达到 90%以上。另外，在低温燃烧状态下，氧化钙还可以与烟气中的氯化氢反应生成氯化钙，脱除烟气中一部分氯化氢气体，对于减轻尾部的低温腐蚀有较好的效果。

（2）有效防止结渣积灰现象。防止生物质燃料燃烧结焦的主要措施主要从两个方面来考虑：一是控制生物质燃料燃烧的温度，使其低于灰的变形温度；二是通过选择性的循环床料，提高生物质燃料燃烧后灰的熔点温度。为了防止生物质燃料在炉膛内结焦，选取了较低的炉膛燃烧温度，该温度不会影响到秸秆充分燃烧和燃尽。生物质燃烧后的灰具有较强的黏结性，容易在对流受热面上黏结，产生严重的积灰。清华大学生物质燃烧技术把过热器的高温段以屏式过热器的形式放置在炉内，通过炉内循环物料持续冲刷，有效解决了屏式高温过热器的积灰。而控制尾部烟道中低温过热器的蒸汽出口温度，又可进一步降低了低温过热器的积灰。采用高的烟气流速，也可以有效降低受热面的积灰。另外，尾部对流受热面应配备合理的吹灰设备，对受热面的积灰进行有效清除。

（3）有效防止高温腐蚀现象。生物质燃料中含有少量的硫和一定量的氯，燃烧过程中，会在过热器受热面上发生高温腐蚀。对高温腐蚀的机理研究表明，锅炉受热面的高温腐蚀与管壁的温度和积灰关系密切。如果管壁积灰薄，即使管壁温度较高，高温腐蚀的速度也较慢；如果积灰严重，腐蚀速度随着管壁温度的升高而急剧增加。生物质燃烧技术采用屏式高温过热器，因循环物料的持续冲刷，积灰非常薄，因此，发生高温腐蚀机会大大降低。同时，屏式高温过热器所用材料本身具有良好的抗腐蚀能力，从而有效避免了屏式高温过热器的高温腐蚀。低温过热器放置在尾部烟道中，由于控制了低温过热器出口的蒸汽温度，也大大降低了低温过热器的高温腐蚀。选取高的烟气流速和有效的吹灰设备，减轻低温过热器的积灰状况，同样可以有效避免低温过热器的高温腐蚀。

（4）有效防止低温腐蚀。锅炉的低温腐蚀主要是指空气预热器低温段的酸腐蚀，由于烟气中水蒸气含量较高，烟气中氯化氢、二氧化硫等酸性气体会在管壁上凝结，发生低温腐蚀。采用循环流化床燃烧技术，可以通过炉内加石灰石，降低烟气中的酸性气体的含量，提高了酸露点的温度，减轻低温腐蚀。空气预热器的低温段管材使用抗低温腐蚀设计，可以有效降低空气预热器低温段的低温腐蚀。

2. 技术产品性能特点

（1）热效率较高。技术采用循环流化床锅炉，生物质燃料焚烧彻底完全，而且分离后灰渣重新进入炉膛，从而换热效率大幅度提高，锅炉的热效率一般高于83%，相比燃煤中小供暖锅炉，热效率提高了10%左右，从而能够有效减少燃料的耗量，降低了锅炉的运行成本。

（2）运行成本低廉。全部以玉米芯、秸秆等生物质为燃料，其单位热值的价格低于煤，加之本锅炉的热效率比目前的锅炉高出10%左右，使得锅炉的运行成本较低。

（3）燃料适用性广。能够确保锅炉稳定安全运行。技术产品不但能够全部以玉米秸、玉米芯、麦秸、稻秸、木屑、杂草等生物质为燃料，还可以全部以煤或者劣质煤为燃料，同时，也能够适应煤和生物质燃料混烧的情况。这样，如果发生生物质短缺的情况，也可以保证锅炉能够连续稳定运行。

（4）对结渣问题进行了特殊处理。生物质的灰熔点比较低，一般在930~990℃，产品的炉膛设计温度为750~850℃，并保持炉膛温度均匀稳定，从而避免炉膛结渣。

（5）对积灰问题进行了特殊处理。根据生物质焚烧的积灰特性，产品对尾部对流受热面和吹灰方式进行了特殊的设计，采取乙炔爆燃的吹灰方式，能够避免积灰。

3. 技术应用

（1）登海先锋种业种子烘干热源系统一期工程（8t/h）。山东登海先锋种业公司以清华大学开发的循环流化床焚烧炉为核心，采用全自动控制，以不经任何处理的玉米芯为燃料，生产恒温热风对种子进行烘干。

（2）甘肃敦煌种业先锋良种有限公司种子烘干热源系统工程（20t/h）。甘肃敦煌种业先锋良种有限公司为先锋种业与上市公司甘肃省敦煌种业有限公司的合资公司，采用清华大学技术建设一套14MW燃用玉米芯循环流化床热风系统。

（三）生物质分段燃烧技术

生物质成型燃料分段燃烧技术及设备是一项生物质能转换与利用的新技术。生物质原料如锯末、稻壳、秸秆颗粒、树皮等农林生物质燃料，经挤压加工成便于运输、储藏的成型燃料。生物质成型燃料经进料系统、燃烧系统分段燃烧后产生高温烟气与换热设备进行热交换，燃烧稳定、无污染、不结渣，达到高效利用农林废弃的生物质资源，保护环境，节能减排的目的。本技术对推进农村新能源的开发和工农业有机废弃物的资源化利用，对行业技术进步和产业结构调整起到积极的促进作用，适用于燃煤锅炉、窑炉、加热设备的改造等。

1. 主要技术构成

以生物质成型燃料为研究对象，建立生物质分段燃烧分析模型，并与试验结果对比修正，得到合理的燃烧模型，并依据其设计生产生物质成型燃料分段燃烧设备。其主要特征构成介绍如下：

（1）与燃烧室一体的预热料仓，燃料的适应性好，可使不同种类、不同含水率的生物质成型燃料稳定燃烧。

（2）通过应用燃料分层燃烧技术，合理布置一次、二次、三次配风，控制料层的燃烧速度及灰渣层的温度，燃料燃烧充分，灰分不结渣。

（3）可变角度的往复炉排，利用炉排末端高度固定，前端高度变化的方法使炉排能够前后、上下同时运动，可以及时清除炉排积灰，同时顺利实现燃料层的移动。

（4）生物质成型燃料燃烧的上、下、左处三点布风，使固体燃料的燃烧充分，提高固体燃料的燃烧速度。

（5）炉膛的流线型设计，根据炉具的燃烧特征设计的流线型炉膛及折流板可防止飞灰的沉积，有利于炉膛内燃烧气流的组织。

（6）顺流侧吸式燃烧方式，进燃料和进风的方向相同，固体燃烧和挥发分析出燃烧同时进行，顺流式进风阻止燃料向料仓方向燃烧和从料仓冒烟；同时侧吸式挥发分燃烧方式使未完全燃烧的挥发分在与炉排上残炭未燃尽烟气混合进行再次燃烧，燃烧非常充分。

（7）燃料燃烧自动控制，通过监测炉体出口处烟气中一氧化碳、氧气的含量来控制炉体的进风量及各配风口的配风量，优化燃烧工况。

2. 技术产品性能特点

通过应用燃料分层燃烧技术，合理布置配风，控制料层的燃烧速度及灰渣层的温度，灰分不结渣；燃料燃烧充分，排烟中可燃成分量不超过0.1%，排渣含碳量不超过14%。生物质成型燃料燃烧的上、下、左处三点布风，使固体燃料的燃烧充分，提高固体燃料的燃烧速度，燃烧效率不低于95%。根据炉具的燃烧特征设计的流线型炉膛及折流板可防止飞灰的沉积，排烟中含尘浓度小于200mg/mL。顺流式进风阻止燃料向料仓方向燃烧和从料仓冒烟；同时侧吸式挥发分燃烧方式使未完全燃烧的挥发分与炉排上残炭未燃尽烟气混合进行再次燃烧，燃烧非常充分。

3. 技术应用

（1）生物质成型燃料热水锅炉的设计。主要有炉膛、出灰门、辐射受热面、对流受热面，生复移动炉排、烟囱等组成。炉膛可分为一次燃烧室与二次燃烧室，在一次燃烧室的上部开育加料口与一次空气进口，侧面有挡渣门与清渣门。炉排下部为灰室。出灰门有进空气口与空气量调整板，锅炉外部为保温层。空气由进气口进入后分三次进入炉膛，一次空气经上行风道进入一次燃烧室的上部作为气化空气用，二次空气经挡渣门与炉排进入炉膛，与气化后的固定碳反应。三次空气通过灰室上部，从二次燃烧室下部进入二次燃烧室，与从侧面进入的可燃气混合燃烧。生成的高温烟气经对流换热面后从烟囱排出。可以看出，本锅炉采用了侧吸式生物质气化、挥发分燃烧专用的燃烧室、两处进风的固定碳燃烧技术。侧吸式生物质气化与挥发分专用燃烧室，保证了生物质中挥发分的充分燃烧，两处进风的固定碳燃烧，减小了炉排的热负荷，降低了固定碳的燃烧温度，可有效防止生物质灰的结渣与灰中钾等碱金属的挥发，为生物质灰作为钾肥使用提供了条件。

（2）生物质成型燃料热风炉的设计。本技术开发设计的热风炉为直接式热风炉，燃烧的热烟气在出风口配冷空气后直接利用。输出热负荷由进风风机控制，其生物质成型燃料完全燃烧的温度约为1400℃。这也是本热风炉能提供的最高热风温度。如需要低于1400℃的热风温度，在热风出口配空气，可根据需要的热风温度调节空气量。

（四）生物质气化燃烧技术

生物质气化燃烧技术根据生物质具有高挥发分（质量含量约70%~80%）的特点，设计完成了生物质沸腾气化燃烧技术及成套设备。它采用沸腾式气化及低温分段燃烧技术，使生物质在低温下分为三个区域进行燃烧，设备主体由三个燃烧室构成，第一个燃烧室为沸腾气化燃烧室。它能把具有一定粒度的生物质原料，在一定的气流作用下沸腾气化，其温度控制在850℃以内，以防结渣。由于空气量供应不足，在此燃烧室内析出的大部分的挥发分会进入第二个燃烧室，大颗粒的固态原料会在此燃烧室内沸腾燃烧。小颗粒的燃料被气流带往二次燃烧室内，在下降的过程中与从下部提供的空气相遇进行第二次燃烧，同样由于空气供应不足，高温生物质燃气不能完全燃烧，它从二次燃烧室内流出进入三次燃烧室，三次燃烧室位于用能设备内，与进入的大量空气进行充分燃烧。设备可用于多种燃料的燃烧使用，且预处理工艺相对简单，设备具有良好的通用性，适合于不同的生产企业类型的供热系统。

1. 主要技术构成

生物质原料如锯末、稻壳、秸秆颗粒、树皮等农林生物质燃料，经螺旋推进器进入燃烧室，在燃前点火时使炉温升至450℃时原料里的挥发分首先逸出，以气化的方式参与燃烧；剩余的固定碳在炉内流化时被充分燃尽；被转化成煤气形式的烟气与过剩的高温空气进行混合燃烧喷出燃烧机出火口。燃烧机不仅燃烧温度高，温度稳定性好；而且燃尽程度高，热效率高；火焰长度可以通过产气速度进行调节，火焰洁净度高。根据生物质具有高挥发分（质量含量约70%~80%）、碱金属含量高的特点，设计完成了生物质沸腾气化燃烧技术及成套设备。其燃烧室由三个燃烧区构成，第一个燃烧区为沸腾气化燃烧区，它能把具有一定粒度的生物质原料，在一定的气流作用下沸腾燃烧气化，其温度控制在550℃以内，以防结渣。由于空气量供应不足，在此燃烧区内析出的大部分的挥发分会进入第二个燃烧区，大颗粒的固态原料会在此燃烧区内沸腾燃烧。小颗粒的生物质燃料被气流带进二次燃烧区内，在下降的过程中与从下部提供的空气相遇进行第二次燃烧，高温生物质燃气直接进入位于用能设备内的三次燃烧区，与进入的大量新鲜空气进行充分燃烧。根据沸腾气化燃烧的需要，把含水率小于30%的生物质粉碎成尺寸小于20ram的颗粒。燃烧设备的沸腾气化燃烧区温度不高于850℃，二次燃烧区温度不高于1000℃，各燃烧区的温度可通过给风量的变化进行自动调节。

生物质沸腾气化燃烧装置的技术产品性能特点如下：①燃烧充分，通过合理布置一次、二次、三次配风，调节合适的进料速度，使燃烧效率能够达到95%；②安全稳定；③热负荷调节范围宽，额定负荷30%~110%；④原料适应性广；⑤无污染，环保效益明显，以可再生生物质能源为燃料，实现了能源的可持续利用；⑥无焦油、废水等各种废弃物排放，避免了二次污染；⑦加热温度高（1200℃以上），火焰稳定，适宜于各种工业应用；⑧设备应用范围广；⑨资金投入较低，设备运行所需的费用也低。用于各种锅炉改造费用低，成本不足流化床气化炉的30%，固定床气化炉的50%。

2. 技术应用

福建省建瓯市芝星活性炭有限公司采用生物质燃烧机替代了原燃煤系统，采用SR-3.0型3台，SR-5.0型10台生物质燃烧机，用于活性炭生产过程中的原料烘干和炭化。平均每天燃烧生物质原料110t。正常运行每天节约2600元燃料费用，效益显著。

（五）小型成生物质燃烧利用设备

小型生物质燃料燃烧利用设备包括各种700kW以下蒸汽和热水锅炉、炊事取暖两用炉、炊事炉、燃烧器等。由于生物质燃料的分布广泛，收储运成本较高的特点，开发应用小型生物质燃料燃烧利用设备也是实现生物质燃料规模化应用的一个重要渠道。国内有很多研究机构和小企业从事这方面的工作，设计制造质量高的各类小型生物质直接燃烧应用设备，热效率和污染物排放浓度都能达到相当高的水平。该类设备技术成熟，生产成本低，应用范围广，适应我国广大农村地区的小型工业生产企业供热及民用炊事采暖的用能需求。

1. 生物质采暖炉

生物质颗粒燃料采暖炉，使用生物质压缩颗粒燃料，自动化程度高，热效率高，排放低，达到国内最先进的水平，是中小企业和家庭理想的供暖设备（可用于家庭、农家院、饭店、旅馆、养殖厂、蔬菜大棚、机关、工厂)。其特点如下：①使用生物质颗粒燃料，是农作物秸秆和锯末等可燃废弃物压制而成；②人性化设计的全自动控制，自动给料，自动清渣排灰系统；③采用了独有的半反烧式，二、三次补养，特殊的火焰导流混燃技术，燃烧充分，换热效率高达80%以上。比普通燃煤炉具高出30%，省工省钱；④自动控制，间断给料；⑤燃烧时间长；⑥产品系列化，可满足家庭及小型公共场所采暖需求。

2. 生物质炊事炉具

新型高效低排放生物质炉具的技术产品性能特点及优势如下：①原料来源广；②高效节能；③安全环保；④方便适用；⑤使用成本低。

第四章　生物质的热解液化

通过对理论的研究和对具体实例的分析，以求能更好地开发生物质资源，因此，本章将从生物质热解液化的工艺技术、生物质气化工艺技术以及生物质热解液化产物的高值化三个方面论述有机能源的应用问题。

第一节　生物质热解液化的工艺技术

一、生物质热解的主要特点

生物质热解的明显特征是生物质被加热至 300℃ 或更高并在绝缘空气（氧化剂）的条件下分解。根据加热速度，生物质热解可分为三类：慢速热解或干馏（低加热速度）、快速热解（加热速度为 500K/s 左右）和闪速热解（加热速度高于 1000K/s）。

制备不同的物质其热解条件也不一样。当制备固定碳时，通常采用慢速热解技术（也就是干馏技术），并且由此技术得到的无定形碳可以作为活性炭原料（杏核炭、椰子壳炭等），也可以用于烧烤，还可以用于取暖。当制备液体产物（即生物油）时，通常采用快速热解或闪速热解技术，并且由此技术得到的液体生物油的含量大于 50%。当采用闪速热解技术时，如果最高温度达到 900℃ 以上时，制备的物质基本上都是气体，其在气态状态下的热值相对来说也是比较高的，所以这些技术也可以用于合成气体。

迄今为止，国际上已经研究出了真空热解、下降管、流化床、旋转锥和烧蚀热解等各种类型的热解装置。

二、生物质高压与超临界液化技术

（一）生物质高压液化技术

所谓的生物质高压液化技术，指的是存在催化剂的条件下，达到一定的高压、温度，加入一定的溶剂等用于液化反应生物质最终制备出液体产品的一种技术。

1. 生物质高压液化技术的优势

生物质高压液化技术具有四个优势：①原料来源广，并且不用对原料进行脱水和粉碎等一些高耗能处理；②设备要求极其简单，很容易进行工业生产；③容易操作，不需要很高温度及反应速率；④制备的物质纯度比较高，氧气的含量也比较低，其热值相对来说比较高等。

2. 影响生物质高压液化的因素

生物质的高压液化是为了使液体产品的产量增加，使固体残留物及气态产物的产量减少，获得流动性好、黏度低、稳定性好、容易分离、热值高的液体产品。生物质高压液化过程的主要影响因素有原料种类、反应温度、反应压力、反应停留时间、溶剂、催化剂以及反应器结构型式等。

（1）生物质原料的影响。纤维素、半纤维素和木质素为木质纤维素生物质的主要化学组成成分。其中，纤维素是一种糖类化合物，半纤维素也是一种糖类化合物，而木质素则是一种成分比较复杂，结构是非结晶性的一种三维网状酚类高分子聚合物，主要含有苯丙烷，其含有很多的羟基和甲氧基支链。由于生物质原料的不同所含有的化学成分也不同，即便是反应的条件一样，制备出的液体产物的含量也是不一样的。通过实验证明，生物质含有的纤维素越多越容易液化，纤维素、半纤维素和木质素对液化产物的组成成分以及生成物的数量都有一定的影响，其中对其影响最大的为木质素。针对原料中木质素含量的大小对于液化结果的影响实际上还没有一个统一的结论。一般来说，原料中木质素的含量越高，液体产物的产率就会越低，那么生成的残渣就会越多。另外，原料的粒径对液化结果有一定的影响，原料的形状对液化结果也有一定的影响。通常在反应之前需要对原料进行一些处理，如干燥、粉碎、筛选、浸泡等。

（2）反应温度与停留时间的影响。反应温度也会生物质液化，也就是它会影响着液化产物的组成、产率以及产物的热值。生物质中，半纤维素、纤维素以及木质素三者容易降解的程度为：半纤维素>纤维素>木质素。纤维素中的糖苷键碱催化液化过程中要想使其稳定，温度不得高于170℃，高于170℃就会分解生成其他物质，而木质素单元间的键在温度为200~400℃时就会断裂，但如果温度太高就会使得液体产物发生进一步的降解反应，最终生成含有强碳碳键的焦炭。随着反应的进行，温度不断升高，液体重油产品中的碳含量就会增多，氢的含量几乎不变，氧含量也降低。通过将反应温度适当升高一点，有利于液化反应，液化原料的最适合的温度为250~350℃。如果反应温度太高，就不利于生物质液化制取生物油的反应，过高的温度就会使得含有长链分子的产物进一步发生其他反应，形成小分子气体，最终导致液体的产率偏低。对于不同种类的生物质，其反应的最佳温度也各不一样，但都有一个共性，那就是最佳温度下的反应有着最大液体产率。温度对液化过程的影响还取决于反应条件，例如溶剂和催化剂。

反应的停留时间也对生物质液化有影响。停留时间太短，反应不完全，但停留时间太长会引起中间体的缩合和再聚合，这将减少液体产品中重油的产生并增加残余物的产率。最佳停留时间与液化温度之间存在关系，并且在较低温度下所需的停留时间相对较长。通常，最佳停留时间为10~45min。此时，液体产物的产率相对较高，固体和气体产物相对较小。

（3）反应压力和液化气的影响。高压液化反应过程中反应设定的温度和加入的反应溶剂的量决定着反应压力。反应压力的大小也极大地影响反应产物对生物质液化的分布。总之，较高的压力导致更多生物油性产品的二次裂解，结果导致生物油的产率降低。

在惰性气体中可以进行液化反应，在还原性气体中也可以进行液化反应。还原性气体促进生物质发生降解反应，从而增加液体产物的含量并使液体产物的性质发生改变，但是此反应也有一些弊端，其液化成本高。由于此液化反应要求在大压力下进行，也就对液化反应器的条件比较苛刻，这就会使液化过程的难度增加。例如，当氢气作为还原性气体，对生物质进行液化时，就会使此反应生成沥青烯的量减少，生成液化油的量增加。一般情况下，进行液化反应的压力达到10MPa到29MPa之间的范围时，并且是在还原性气体如氢气存在的条件下进行液化反应时，不断增加氢气的压力，就会使该液化生成的焦炭的量减少，效果非常明显。

（4）溶剂和催化剂的影响。溶剂可用于分散生物质的原料、阻碍从生物质的组分的分解中得到的中间产物再缩聚，并且高压液化生物原油的H/C比大于快速热裂解生物原油的H/C比，这是由于使用氢供给溶剂而导致快速热裂化。常用的溶剂包括水、苯酚、芳烃混合物，高沸点杂环烃等。

在生物质液化过程中，催化剂有助于降解生物质、阻碍副反应如缩聚和重聚，并且可以减少大分子固体残余物形成的量，并抑制液体产物的二次分解，液体产物的产量增加了。催化剂还可以使反应温度和压力适度降低，使反应速率加速，并没有使生物原油的组成。今天，均相催化剂和多相相催化剂是生物质高压液化研究中使用的催化剂。均相催化剂可以在溶剂的酸、碱和碱性盐中溶解。多相催化剂是金属催化剂或负载型催化剂。

3. 生物质高压液化技术的前景与展望

利用生物质高压液化技术可以把低品位生物质能转化成使用方便的液

体能源，其优势是操作简单、进行大规模工业化生产容易，因此很受关注，而被深入研究。相对于化石燃料的成本，这种技术用于生产液体燃料的成本要高得多，但由于化石能源资源不断枯竭以及价格不断上涨，人们就会越来越关注生物质，作为化石生物质燃料液化技术的生产替代品，在人类社会的高压发展阶段将占据非常重要的地位，这项技术对于发展可持续社会发展和环境保护具有重要意义。

（二）生物质超临界液化技术

超临界生物质液化技术是热化学转化的新技术方法之一，可以达到低温快速液化的目的。超临界液化技术的优点包括：不需要还原剂和催化剂；因为超临界流体具有高溶解度，它可以迅速从反应区中除去生成的中间产物木炭等，从而减少木炭等产物的生产量，提高了热输送量。

超临界水的优点是：能够快速液化；更环保的产品；可以很容易地隔离；高液体产量；符合绿色化学和洁净化工生产的发展方向。今天，亚/超临界水液化生物质制备生物油的研究主要集中在作物秸秆等木质纤维素生物质上。

与传统技术相比，超临界流体技术具有许多优点：超临界流体对化学反应的影响可概括如下。

（1）超临界流体使反应均相化。通过在超临界状态下进行化学反应，可以将多相试剂甚至催化剂溶解在超临界流体中，从而消除关键试剂、催化剂或促进剂等相界面和相内扩散的限制，加快反应速率。

（2）超临界流体可降低反应温度。由于物质的热解反应涉及键的裂解，因此通常在高温下进行，并且超临界流体反应介质可以使裂解反应在较低的操作温度下进行，从而可以进行一般高温热解。

（3）超临界流体促进自由基的产生。与液相反应相比，超临界流体降低了溶剂笼效应，更有利于自由基的产生。

（4）超临界流体超过界面的阻力，并增加试剂的溶解度。超临界流体可以增加试剂的溶解度，加速反应速率并消除对传质的阻力。

通过调节温度和压力，可以检查超临界流体的特性并容易地获得所需的物质。该工艺将萃取与热解结合为一体，整合了反应和分离，无环境污染。

通常，超临界流体液化具有比常规条件下的生物质液化更低的残余固体产物和更快的转化率等优点，并且是用于生物质液化的新技术。

（三）水热提升技术（HTU）

水热提升技术是一种适用于湿生物质的液化转化工艺，也就是温度为250～350℃、压力为10～20MPa的情况下，水成为高活性介质，导致湿生物质中化学键的破碎、断裂进而重新整合，从而形成生物粗油。这种技术的优点是直接对湿生物质进行加工，可以是劳动量和生产成本在很大程度上降低，有利于工业生产；可以生产出高质量的生物油，通过一定的催化工艺可以生产出高质量的汽油及粗汽油；可加工各种材料，可将低脂肪藻类、猪粪、木屑和有机废物转化为生物油。

三、生物质与其他物质共液化技术

（一）生物质与煤共液化技术

生物质与煤共液化制取液体燃料可以在相对低温下进行，借助于氢含量多的生物质，可以使共液化的氢耗量有效降低，也可以有效降低反应条件的苛刻度，还可以有效提高产品质量的液化。此外，废弃生物质和煤共液化技术利用可再生能源，合理和科学地使用工业和农业废弃物，有助于保护环境。

生物质与煤共液化的原理为：事实上，生物质和煤的共液化过程就是共热解过程，有两个反应：直接共热解液化和溶剂共液化，目前对生物质与煤共液化原理的认识还是比较模糊的，通常认为属于自由基过程，也就是生物质、煤发生热解反应，生成自由基"碎片"，该自由基"碎片"不稳定，如果可以和氢结合而生成分子质量比煤和生物质低得多的初级加氢产物从而变得稳定；如果无法和氢结合，那么就以彼此结合的方式缩聚成高分子不溶物从而变得稳定，变成焦类重质产物。可表示为：

$$R-CH_2-CH_2-R' \longrightarrow R-CH_2 \cdot + R'-CH_2 \cdot$$

$$RCH_2 \cdot + R'-CH_2 \cdot + 2H \longrightarrow RCH_3 + R'CH_3$$

$$R-CH_2 \cdot + R'-CH_2 \cdot \longrightarrow R-CH_2-CH_2-R'$$

$$2RCH_2 \cdot \longrightarrow RCH_2-CH_2R$$

$$2R'CH_2 \cdot \longrightarrow R'CH_2-CH_2R'$$

（二）生物质与塑料共液化技术

生物质和塑料共液化过程是复杂的，包括复杂的序列和平行反应。

共液化反应与生物质和塑料的热解反应直接相关。近年来，对生物质和塑料共液化过程的研究表明，生物质降解温度较低。在反应开始时，它会降解并产生自由基碎片，自由基碎片的存在有利于长链聚合物的断裂，从而促进塑料转化为油；同时，塑料可以为生物质提供氢气并促进生物质转化。在液化过程中始终存在裂解与缩聚反应的竞争。在反应的初始阶段，主要进行裂解反应，而在后一阶段，主要进行缩聚反应。发生这种转变的时间很大程度上取决于反应条件。

第二节　生物质气化工艺技术

生物质气化是在高温下使燃料和气化剂发生部分氧化反应，把生物燃料转化成气体燃料的一个反应过程。气体燃料易于管道输送、燃烧效率高、燃烧过程易于控制、燃烧器具比较简单、没有颗粒物排放，因此是品位较高的燃料。生物质气化的能源转换效率较高，设备和操作简单，是生物质主要转换技术之一。

生物质气化在历史上曾经发挥过重要作用，19 世纪中叶，英国伦敦就建立了以煤和生物质为原料的燃气生产业，提供道路照明用的气灯燃气。20 世纪初，出现了生物质燃气驱动的汽车和拖拉机，并在第二次世界大战时期达到了顶峰，有超过 100 万部民用汽车装备了固定床气化炉。在最近 30 余年的研究中，借鉴煤炭气化的成熟经验和现代科学技术成果，发展了包括固定床、流化床、气流床在内的各种气化装置，出现了气化发电、气化集中供气、气化联合循环发电（BIGCC）等一批成功的工程实例。近期的研究还在制备化工合成气及合成液体燃料、制氢及与燃料电池结合的分布型能源系统等方面获得进展。

一、生物质气化过程和工艺类型

生物质气化的目标是使生物燃料中化学能尽可能多地变为燃气中化学能。在气化过程中，燃料中的大分子有机化合物中与气化剂发生一系列反应，最终转化为含有 CO、H_2 和 CH_4 气体以及其他小分子的不凝结气体的燃气。

燃烧和气化都是有机化合物与氧气的反应，两者之间的差异在于是否供应足够的氧气。燃烧过程提供足够的氧气以尽可能多地将燃料的化学能转换成燃烧气体的热能，燃烧气体是不可以再次燃烧的烟气。气化过程如果只提供有限的氧气，并且燃料的大部分化学能量被转移到气体中，并且当使用气体时释放化学能量。气化过程就会释放热量，从而为热解和气化反应创造高温条件。

（一）生物质气化过程

生物质气化是许多复杂反应的集合，如燃料的热解、热解产物的燃烧和燃烧产物的还原等。不同的气化设备、工艺、反应条件和气化剂的类型，反应就会完全不相同，从宏观上看，反应可分为四个阶段，即燃料干燥、热解、氧化以及还原。

（1）在干燥的燃料进入气化装置后，首先将其加热以析出表面水分。干燥过程主要在100℃至150℃之间进行，并且大部分水在105℃或更低的温度下释放。干燥是一个简单的物理过程，燃料的化学成分没有改变。干燥过程不快并且燃料温度保持基本恒定，直到表面水分被完全除去。干燥吸收大量的热量，从而降低反应温度，当燃料的湿度太高时，它会影响气体的质量，甚至难以保持气化反应条件。

（2）当热解温度升至150℃以上时，燃料开始热解，温度越高，反应越强烈。发生在热解气化设备中并不是独立的热解过程，当温度达到一定水平时，和氧气反应的温度迅速升高，因此热解加速。气化过程后，中间阶段的热解反应，燃料析出挥发分之后，残余木炭构成进一步反应，挥发性物质将参与下一阶段的氧化还原反应。生物质是一种高挥发性燃料，热解产物可以达到燃料质量的70%以上，因此热解在气化中比煤气化起着更重要的作用。在热解过程中，产生一些重烃类焦油，如果留在气体中，在冷凝后将很容易堵塞管道，这将影响气体设备的功能。如何完全去除焦油一直是生物质气化的一个问题。

（3）氧化（燃烧）反应热解产物和氧气氧化表现为剧烈的放热反应。在四个气化阶段中，干燥、热解和还原都属于吸热反应，以保持这些反应提供足够的热量，从而在整个气化过程中的驱动力是氧化反应。在气化装置中，仅引入有限的空气或氧气，这是一种不完全的燃烧过程，燃烧产物是水蒸气、CO_2 和 CO。在固定床气化器的氧化区，燃烧释放的热量可达到温度为1200℃到1400℃之间，反应非常剧烈。

（4）还原反应在氧化反应之后进行，由燃烧产生的水蒸气和 CO_2，与碳反应形成 H_2 和 CO，把固体燃料转变为气体燃料。还原反应是吸热反应，温度越高，反应越强。随着反应的进行，温度将继续降低，反应速率将逐渐降低。当温度低于1800℃时，反应进行得非常缓慢。

发生上述四种碱性反应的区域仅是固定床气化器中的明显特征，并且分配区域不能在流化床气化器中限定。即使在固定床中，由于热解气相产物的参与，分界面仍然模糊。氧化反应和还原反应统称为气化反应，原料的干燥和热解统称为燃料制备方法。

（二）气化剂

基于所使用的不同气化剂，生物质气化可以细分为空气气化、水蒸气气化、氧气气化以及氢气气化等工艺类型。

空气气化使用空气作为气化剂。空气中的氧气与燃料中的可燃成分发生反应，释放的热量为干燥、热解和还原提供热量，这是一种自加热气化过程。空气是最经济且易于获得的气化介质，因此大多数气化过程使用空气作为气化介质。但是，空气中含有约78%的氮气，其不能参与化学反应，稀释气体并降低气体的热值。空气气化的气体煅烧值通常为5~6 MJ/m³，这是一种低热值气体，不适合长途运输和大容量储存。

氧气化使用纯氧或富氧空气作为气化剂，其工艺原理与空气气化基本相同。由于避免了氮气稀释，因此气体的热值可以从5~6 MJ/m³增加到10~12 MJ/m³。气化产生的小量氧气，使显热损失减少，提高了系统的热效率，但氧气的产生需要大量的能源、气化成本，较少用于生产可燃气体，可用于生产合成原料气体。

水蒸气气化以过热水蒸气作为气化介质，反应过程中有热解反应、水蒸气和碳的还原反应、一氧化碳与水蒸气的变换反应和甲烷化反应等，吸热反应为主要反应，因此，当水蒸气单独使用作为气化介质时，需要外部加热源。通过蒸汽气化产生的气体具有良好的燃气质量，高的氢气含量，并且气体的热值可以达到17~21 MJ/m³，这是一种中热值燃气。然而，该系统需要蒸汽发生器和过热器装置需要外部热源，系统独立性差，技术更复杂，管理成本高。

空气（氧气）/水蒸气气化是气化过程，其中空气（氧气）和水蒸气同时为气化介质。空气（氧气）/气化优于单独使用空气或仅使用水蒸气，一方面是没有复杂外部热源的自加热系统；另一方面是气化部分所需的氧气可以通过水蒸气提供，减少空气消耗（氧气）并产生更多的氢气和烃类化合物。空气（氧气）/水蒸气气化获得10 MJ/m³或更高的气体的热值，它可以用作化学合成气体。

（三）气化装置的类型

气化装置主要包括固定床气化炉、流化床气化炉以及气流床气化炉等类型。如图4-1所示，它是各种类型的生物质气化炉的图示。

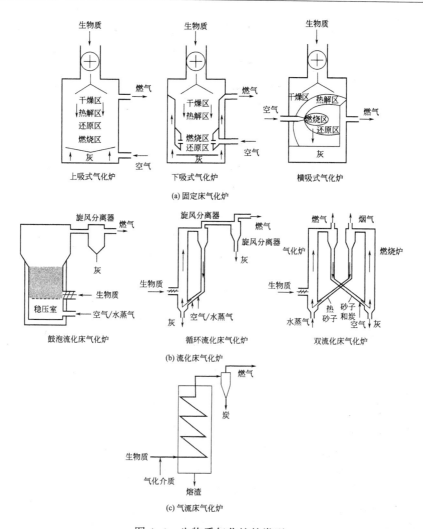

图 4-1 生物质气化炉的类型

（据孙立、张晓东，生物质热解气化原理与技术，2013 年）

1. 固定床气化炉

固定床是指由在两个固定界面之间保持恒定高度的由颗粒或燃料块组成的床层。固定床气化炉包括用于容纳燃料的炉膛和用于支撑燃料层的炉排。燃料从上方进入床层，并由于其自身的重力向下移动，从而取代气化中消耗的燃料。气化介质通过颗粒之间的空间并与燃料表面接触以进行反应，将灰和残炭从下部取出来。与气体流速相比，燃料层的向下运动速度非常慢，因此称为固定床气化炉。

在固定床气化炉中，物料大体上根据层次进行气化反应，通过可区分但没有清晰边界的四个部分。根据炉内气流的流动方向，固定床可以分为三种类型气化：上吸式、下吸式和横吸式。在上升气化炉中，燃料和上升的气化产物逆流前进，在向下运动期间进行传热，温度不断增加，并且到达燃烧区时耗尽；气流在上升过程中其组成成分在不断变化，最后从床的顶部排出去。在下吸式气化炉中，空气从床的中心引入并向下流动，与燃料运动方向一致，并且气体从床的底部排出。在下吸式气化炉中，热解气相产物通过床并在氧化区的高温下进一步裂化，因此气体中的焦油含量相对较低，这是其主要优点。在横吸式气化炉中，空气从床的侧面进入，并与燃料运动方向相交，从侧面穿过床，从另一侧离开。

固定床气化炉结构比较简单，原料适应性广，凡是粒径最大为100mm、含水量可达30%的燃料都可以使用，对燃料结渣的敏感性相对较低，更适合小规模气化操作，是一种用于汽车和小型船舶的气化炉，但仍难以扩大规模。

2. 流化床气化炉

流化态是这样一种状态：以一定的速度通过颗粒层，以便颗粒物料悬浮并保持连续的随机运动。流化床的特征在于气体和固体之间有非常高的传热速率和传质速率，固体颗粒在床层中的混合与理想混合反应器中的状态基本上差不多，都可以得到均匀的固体组成及温度。

流化床气化炉使用粒径为 $0 \sim 10mm$ 的小颗粒燃料作为气化原料，气化介质不仅参与反应，而且使燃料颗粒达到流化状态。在流化床气化器中不可能区分四个反应区，并且认为这些反应基本上同时进行。该流化床气化炉适用于大规模气化操作，反应温度均匀，气固反应性能良好，可方便地使用各种气化介质或在床层中加入催化剂，得到所需的产物组分。因此，近年来，生物质气化装置更倾向于采用流化床。

流化床气化炉主要有鼓泡流化床气化炉、循环流化床气化炉和双流化床气化炉三种类型。鼓泡流化床气化炉具有较低的流化速度，床层中有明显的一个密相区，这里的燃料颗粒沸腾状态较大，气化剂之间的相对速度较高。床的上部是稀相区，并且在致密相区域中彼此碰撞的细颗粒继续反应，并且一些细颗粒通过气流带出去。循环流化床气化采用较高的流化速率，反应后的产物气体经过碳颗粒的旋风分离器，碳颗粒分离返回流化床继续气化，循环倍率一般达 $10 \sim 20$ 倍，循环流化床气化炉的气化效率比鼓泡流化床气化炉高。生物燃料挥发性非常高，热解后少量的碳残余物和颗粒大大减少，经常在鼓泡床中或循环的流化床中加入砂子为床料。双流化床气化器使用两个流化床：气化炉和燃烧炉。生物燃料加入以热砂子为床料的气化炉，被水蒸气流化，进行热解与部分气化反应，气体产物携带残炭及砂子在旋风分离器中分离。分离后的残炭及砂子在燃烧炉中与空气发生燃烧，把砂子加热，烟气携带热砂子再通过旋风分离器分离后，热砂子返至气化炉。这种方法在用空气鼓风燃烧的条件下，获得了含氮量低的高品质燃气。

流化床气化炉对燃料颗粒尺寸和颗粒分布有一定要求，要求其水分少于15%。床料的任何结渣现象都会破坏流化状态，由此限制了最高床温，通常不高于800℃。

3. 气流床气化炉

气流床气化炉已广泛应用于煤的气化工程中，目前仍在开发生物质气化新技术，在德国 Choren 公司用于制备液体燃料合成气的 Carbo-V 气化系统中就采用了气流床气化炉，把热解后的木炭磨为细粉，之后热解产物共同气化。

在夹带床气化器中，小于 100μm 的生物燃料粉末夹带在气化剂中以进行反应。理论上，基本上任何固体燃料都可以用这种技术蒸发。气流床气化炉工作在 1100℃ 至 1650℃ 之间的高温下操作，因此气化速率非常高并且所需的炉容积减小。当燃料在高温下进入反应区时，挥发物迅速析出被气化，产生的气体含有很少的焦油或甲烷甚至没有，当用作合成原料气时，这是非常重要的优点。气流床反应器结构相对简单，通常使用液态除渣。

气流床气化炉的缺点主要包括：气化介质中的燃料浓度低，与反应气体并流，固体颗粒和气流的传热条件相对较差。气流床气化炉出口处的气体温度远高于固定床和流化床气化炉的气体温度。因此，需要大的热交换表面来回收气体的显热，否则会导致很大的热量损失。该换热装置的表面容易被高温气流中的熔融灰粒黏结。

二、气化反应的热效应

气化反应中，生物燃料与气化介质的分子、原子间化学键重新组合，发生化学能变化，因此产生热效应。化学反应热效应是指恒温恒压条件下，物质因化学反应放出或吸收热量，此热量称为反应焓。盖斯定律指出，在恒压或恒容条件下，不管化学反应过程如何，总热效应相同，等于反应终态与反应始态之间焓的变化。因为焓是状态参数，与反应的变化途径无关，所以化学反应热效应可以按照任何方便的途径计算。生物质气化过程通常是在等压下进行的，其热效应可以写作：

$$Q_p = -\Delta H$$

式中，ΔH——产物与反应物的焓差，kJ/mol。

规定放热反应的 Q_p 为正值，吸热反应为负值。由于放热反应的产物焓值必然小于反应物焓值，故 ΔH 为负值，吸热反应的 ΔH 为正值。

化学反应热效应可以根据物质的燃烧热之差来计算，也可以根据物质的生成焓之差来计算。

三、气化反应动力学

化学平衡对于气化反应而言是一个重要影响因素，但是由于气化炉中气相滞留时间较短，多数反应并未达到平衡状态，这时需要从反应动力学角度研究气化反应的速率，从而解释气化反应规律。固体燃料的气化反应主要是非均相反应，其中不仅含有化学过程，还有传质、传热以及流动等物理过程，所以气化反应速率受到这两方面的影响。

（一）固体燃料气化反应的历程

在气化炉中，生物燃料首先发生热解，然后发生固体炭与气体间的反应。对于气固之间的两相反应，一般需要经过以下七个过程：①参加反应的气体从气相扩散到固体炭表面（外扩散）；②参加反应的气体通过颗粒的孔隙进入小孔的内表面（内扩散）；③参加反应的气体吸附于固体炭的表面，形成中间络合物；④中间络合物间，或者中间络合物与气相分子间进行表面化学反应；⑤吸附态的产物由固体表面脱附；⑥产物分子经过固体孔隙扩散出来（内扩散）；⑦产物分子由颗粒表面扩散到气相中（外扩散）。

上述过程可以分为两类：一类是物理过程，即外扩散过程①、⑦和内扩散过程②、⑥；另一类是表面化学反应过程，即③、④和⑤。在气化反应中，各步骤的阻力不同，反应过程总速率取决于阻力最大的步骤，整个反应受到该步骤的控制。

根据阿雷尼乌斯定律，反应温度对化学反应速率的影响是很大的，故可把气固反应速率根据反应温度从低到高的顺序分为化学动力区、内扩散控制区和外扩散控制区，在三个控制区之间存在着两个过渡区。

1. 化学动力区

当温度很低时，表面化学反应速率很慢，而反应气体在固体炭表面与内部的扩散速率要远远高于反应速率，表面反应决定了整个反应过程的速率。化学动力区的特征是反应气体浓度在炭颗粒内外近似相等，当然传质过程要求颗粒内部有一定浓度梯度，但这个浓度梯度非常小，以至于可以假定反应气体在颗粒内部的浓度近似相等。这时实验测得的表观活化能 E_a 等于该反应的真活化能 E_T。假设炭表面与浓度为 c_g 的反应气体接触时，反应速率为 r_0，而固体颗粒炭与该浓度气体的实际反应速率为 r，定义表面利用系数 $\eta = r/r_0$，则在化学动力区，$\eta = 1$。

2. 内扩散控制区

当温度升高到一定程度，化学反应速率提高很快，由于固体炭颗粒内表面积之和远远大于外表面积，反应气体在内表面迅速消耗，以致来不及向颗粒内部传输足够的反应气体，内扩散控制了总反应速率。反应气体在颗粒内部的渗入深度远小于颗粒的半径 R，是在炭粒表面并且深度为 ε 的薄层中进行表面化学反应，通过不断实验，通过多次试验，测得的表观活化能为 $E_a = \dfrac{1}{2} E_T$，表面利用系数 $\eta < \dfrac{1}{2}$。

3. 外扩散控制区

温度在慢慢地升高，当升高到很高温度时，化学反应的速率就会加快很多，使得反应气体在颗粒外表面基本上完全反应，浓度在到达外表面时已接近为零，外扩散控制了总反应速率。外扩散区的特征是反应气体在外表面浓度接近零，这时内表面几乎得不到反应气体的供应，内表面利用系数 η 远远小于 1。

4. 过渡区

在化学动力区与内扩散控制区间、内扩散控制区以及外扩散控制区间各有一个过渡区，过渡区总反应速率受到相邻两类反应速率的共同影响。

根据各反应控制区的特征，可以分别对其反应动力学特性进行分析，从而描述生物质气化反应过程和选择设计所需要的工艺条件。

（二）化学动力区的动力学特性

固体燃料气化反应历程中的③、④和⑤组成了连续进行的表面化学反应过程，它包括吸附、化学反应以及解吸三个步骤，可将每个步骤看作是一个基元。如果各基元反应速率相差很大，则速率最慢的基元代表着整个反应速率，这类反应称为有控制步骤的反应；如果各基元反应速率相差不大，这类反应称为无控制步骤的反应。

1. 有控制步骤的反应

有控制步骤的反应中，控制步骤是连续反应进行速度最慢的一个步骤，这一步骤未达到平衡，而其他非控制步骤反应速率则非常大，都可以认为处于平衡状态。例如，当化学反应为控制步骤时，吸附和脱附的速率非常快，在反应的每一瞬间都可以认为处于平衡态。

2. 无控制步骤的反应

无控制步骤的反应中，连续基元反应中每一步的反应速率差不多，每一个步骤都没有达到平衡，如在表面化学反应中，吸附、化学反应以及脱附等步骤速率相近。因未建立吸附平衡，θ_i 对应的压力不是平衡压力，因此不能用朗缪尔方程表示。

(三) 外扩散控制区的动力学特性

非均相的气化反应中，固体炭与反应气体的界面上有一层边界层，反应气体通过边界层扩散到炭的表面，边界层对气体的扩散形成了阻力。当温度很高时，化学反应速率非常高，到达炭颗粒外表面的反应气体几乎瞬间就完全消耗，以至于可以认为颗粒外表面处反应气体浓度为零，外扩散控制了总反应速率。

(四) 内扩散控制区的动力学特性

生物质气化时，固体炭颗粒有很高的孔隙率，在能够得到反应气体补充（温度不太高）时，内表面成为主要反应面，反应过程受到表面反应和传质的双重影响。颗粒内部的气体扩散与化学反应不完全是串联过程，反应物在孔隙内扩散的同时也进行反应。即使颗粒外气相反应物的浓度相同，颗粒内部沿深度方向的气体浓度也在逐渐降低。对于反应产物而言，也有一个由颗粒内表面脱附并且经微孔向外表面的扩散过程。

(五) 生物质气化反应的速率控制区

生物质气化过程中，固体炭与氧、水蒸气以及二氧化碳发生的反应有炭的燃烧反应、水蒸气分解反应、二氧化碳还原反应、一氧化碳变化反应以及甲烷生成反应。对生物质气化动力学特性，特别是在大量热解挥发分参与反应时的动力学行为，尚缺乏足够实验数据和定量分析的经验公式。由于同为碳质燃料，借鉴煤炭燃烧和气化的经验，对生物质气化动力学进行定性或半定量的分析，仍然是十分有益的。

1. 炭的燃烧反应

关于炭的燃烧反应机制，有过两种观点：一种观点认为碳与氧反应生成二氧化碳是初次反应，而一氧化碳是二氧化碳与赤热炭相互作用的二次反应物；另一种观点认为碳与氧反应的初次反应物是一氧化碳，然后一氧化碳与氧继续反应生成二氧化碳。

2. 二氧化碳还原反应

二氧化碳还原反应中，CO_2 也要先吸附在固体炭的表面，形成络合物，接着络合物分解，然后让 CO 脱附逸走。络合物的分解可以是自动的，也可能是在一个 CO_2 分子撞击下进行的。研究表明，温度略大于 700℃ 时，还原反应是零级的，控制环节是碳氧络合物的自行热分解。温度大于 950℃ 时，控制环节是络合物受 CO_2 高能分子撞击的分解，反应转化为一级反应。温度更高时，控制环节又变成化学吸附，反应仍为一级反应。

3. 水蒸气分解反应

固体炭与水蒸气的反应与二氧化碳还原反应类似，也是通过吸附、络合以及脱附等反应过程，其中控制环节为中间络合物的生成和分解。通常认为水蒸气分解反应是一级反应，反应活化能为 $37.6×10^4 kJ/mol$。这个反应活化能很大，因此要到温度很高时才能以显著的速率进行。水蒸气分解反应的活化能大于二氧化碳还原反应，一般理解其反应速率应该比较缓慢，但事实上其反应速率比还原反应快 3 倍左右，这是因为其扩散速率要快得多。CO_2、H_2O、CO 和 H_2 的相对分子质量分别为 44、18、28 和 2。由分子物理学得知，相对分子质量越小的气体分子的平均速率越大，故分子扩散系数也就越大。水蒸气分子扩散系数比二氧化碳大，氢分子扩散系数也比一氧化碳大。结果固体炭颗粒与水蒸气反应时消耗的速率比与二氧化碳反应时要大。

4. 一氧化碳变换反应

气化炉中的一氧化碳变换反应是在炭表面上的均相反应，该反应在 400℃ 以上就可以进行，在 900℃ 时等于水蒸气分解反应速率，在 1480℃ 以上时反应速率非常快。

5. 甲烷生成反应

气化过程中固体炭和氢作用生成甲烷的速率很慢，在较多采用的常压气化炉中通常不考虑甲烷生成反应。生物质燃气中的甲烷来自于大分子烃类化合物的裂解，热解气经过气化反应后，燃气中的甲烷含量总是明显下降的。

第三节　生物质热解液化产物的高值化

一、生物质热解产物特性及应用技术

（一）生物油热解产物的基本特性

1. 热值

热值是指燃料完全燃烧释放的热量。每种燃料有两个热值：一个是高位热值；另一个是低位热值。高位热值是指燃料的燃烧热量与水蒸气的冷凝热量之和，即燃料完全燃烧时所放出的总热量；而低位热值指的是燃料的燃烧热。最常见的热值单位有两个：用于固体燃料和液体燃料的为 kJ/kg；用于气体燃料的为 kJ/m³。

2. 水分

生物油含有相对较高的水量，其含量一般为 15%～30%，主要来源于生物质原料本身、热解反应和生物油储存时的脱水反应。与化石燃料不同，生物油含有大量的水溶性有机物，水分散在生物油中。然而，这不是特别稳定的形式，如果生物油含水量增加，则连续相对木质素裂解物的溶解度会降低，这样就会破坏生物油的乳化形式，木质素裂解物通过沉淀的形式析出生物油，使生物油分离成水相和油相。由生物油中各类组分的亲水程度，一般来说，具有均相生物形式的最大允许含水量为 30%～35%。通常需要控制热解原料的水含量不超过 10%，以避免两相水和油的分离。

水的存在不仅降低了生物油的热值和火焰温度，还降低了生物油的黏度，改变了系统的 pH 值，改善了生物油的流动性，使其有益于在发动机内喷射燃烧。生物油含有低沸点组分，不适于用干燥的方法来确定水分含量。此外，水溶性有机物质的含量也相对较高，二甲苯研磨法（ASTMD95）不适用。生物油的水分含量可通过卡尔费休滴定法测定。

3. 灰分

生物油中的残炭或者灰分是因为热解系统中的除尘装置不能完全除去热解气体中的残留碳，并且少量残留的碳进入收集系统并在生物油中混合。残炭中含有灰分，灰分也可以是由热载体引起。生物油的高灰分会磨损泵，腐蚀汽轮机。

4. 密度

生物油的密度根据 ASTM4052 在 15℃下用振动式密度计测定。如果生物油密度较大或含有大量残余碳，则会导致测量数据不准确。温度下产生的气泡也会影响测量结果。因此，在测量密度之前，请勿剧烈地摇动样品。此外，也可将样品加热至 50℃以除去气泡。

5. 黏度

黏度是物理量，其表示当流体在外力的作用下流动时液体内的流体层之间的相互摩擦。液体黏度的量由流体层之间的力的大小和流体层的间隔确定。黏度是评价液体燃料的重要参数之一。黏度对液体燃料的供应和燃烧喷雾装置的设计具有重要影响。

6. 闪点与倾点

闪点是液体燃料被加热到一定温度后液体燃料蒸气和空气混合物与火源接触的最低温度。闪点是一种安全指示器，可防止燃料使用过程中发生火灾。有两种测量方法：一种是闭口杯法，另一种是开口杯法。根据 ASTM D93，通过闭合闪点测试仪 Pensky-Martens（ASTM D93/IP34）测定生物油的闪点。生物油中的闪点与水分含量和挥发性物质有关。如果生物油中低沸点挥发物的含量高，则闪点低，在 40℃和 50℃之间。如果挥发性成分的含量低，则闪点相对较高，一般高于 100℃。生物油的闪点不会在 70℃和 100℃之间，因为在该温度范围内水的蒸发抑制了生物油的燃烧。

倾点是表征燃料的低温特性的参数。它是燃料在低温下换装与运输的重要质量指标之一；倾点是液体可以流动的最低温度，凝点是液体失去流动性的最高温度。凝点指标用于燃料规格；液体不能在低温下流动的原因主要是含链烷烃的液体中链烷烃的黏度或结晶的增加。生物油的倾点通常为 -33 ~ -12℃，倾点一般低于倾点 2 ~ 4℃。

7. 腐蚀性

生物油中含有的挥发性酸占 8% ~ 10%，主要是甲酸和乙酸，使生物油呈酸性，pH 值为 2 ~ 4。VTT 研究了生物油在金属中的腐蚀性，发现在 60℃生物油对碳钢腐蚀试验（ASTMD665A）中，虽然碳钢不会生锈，但其质量会降低；到 40℃腐蚀试验中未观察到腐蚀和重量损失。铜是一种惰性金属，对非氧化性酸具有良好的耐腐蚀性，可盛装生物油。

许多塑料，如聚四氟乙烯、聚乙烯、聚丙烯、高密度聚乙烯以及聚酯树脂都是耐腐蚀的，并且可以在生物油的储存和运输过程中用作良好的容器。三元乙丙橡胶、聚四氟乙烯的 O 形圈可用于密封，但氟化树脂 O 形圈与生物油反应，不适合密封。

8. 稳定性

生物油在未达到热力学平衡的条件下凝结，因此生物油是非热力学平衡产物，其含有许多不稳定的组分。在保存和使用过程中，将继续发生各种反应。从宏观上看，这是生物油的黏度和平均分子量的增加，并且发生水和油两相的分离。

随着温度升高，在室温下发生的一些反应增加并且也发生其他反应。在加热生物油的过程中，可以观察到四个过程，即生物油轻质组分挥发并逐渐浓缩、两相分离、形成黏稠状的物质（140℃）以及形成残炭。大量研究表明，生物油在加热到80℃后迅速老化并退化。生物油在80℃下保存一周所引起的黏度增加等同于在室温下保存生物油一年的效果。

此外，有必要尽可能避免生物油与空气之间的接触，以防止组分挥发和污染周围的空气，另一种是防止空气中的氧气和生物体中的一些物质发生聚合反应。生成大分子物质后又产生了沉淀物。因此，在储存、处置和运输过程中，应使用具有良好密封性能的容器来容纳生物油，以获得隔离空气的效果。也可以在生物油中加入甲醇或乙醇，有效地减缓生物油黏度的增加，自然可以加入少量的抗氧化剂来防止石蜡的聚合，从而降低反应程度。

（二）生物油成分分析

确定生物油的主要成分对于生物油的应用是非常有利的，特别是生物油作为能源的燃料，我们必须清楚它与石油转化产品如汽油和柴油不同。然而，生物油是一种非常复杂的有机混合物，因此在 Diebold 眼中，它只能被定义为各种成分的混合物，如酸、醛、醇、酯、酚、酮、甲氧基苯酚、呋喃等。迄今为止，已经研究了对生物油的确切组成的分析，并且关于生物油组分的分析标准尚未达成国际共识。

到目前为止，许多科研机构对从各种农业和森林生物质材料制备的生物油进行了化学成分分析。已检测到 400 多种物质，大多数有机油中都含有许多物质。某些物质仅存在于特定的有机油中。生物油的主要组成部分如下：①左旋葡聚糖（levoglucosan）；②左旋葡聚糖酮（levoglucosenone）；③羟基-3,6-二氧二环［3.2.1］2-辛酮（1-hydroxy-3,6-dioxabicyclo-［3.2.1］octan-2-one）。；④脱水低聚糖（anhydro-oligosaccharides）；⑤呋喃（furfural）；⑥羟基丙酮（1-hydroxy-2-propanone）；⑦乙酸（aceticacid）；⑧苯酚类化合物，苯酚类物质是木质素的热解产物，成分复杂，大致可以分为 5 种：愈创木酚类、二甲氧基苯酚类、苯酚类、甲酚类、苯邻二酚类；⑨小分子芳香烃，主要包括苯、甲苯、二甲苯、萘，在生物油中含量比较低。

（三）生物油应用

1. 生物油/柴油乳化技术

生物油可以用作燃料油或柴油的替代品，其直接应用一直是国家和国际研究机构共同关注的话题。然而，目前使用生物油作为内燃机燃料仍存在许多困难：不仅需要改善生物油的性质，还需要重新设计内燃机的结构。Wield 可以直接将生物油应用于现有的内燃机。一些学者已经学会了将生物油和柴油混合制备乳液，以生产稳定的乳液，从而提高生物油的质量。这样柴油机只要做很小的改动就可以了。

乳化是一种液体，其中两种或多种不混溶的液体均匀地分散在液体中，该液体在外力作用下与至少一种液体混溶形成乳液。组成乳化液的组分分为两相，以小液滴形式存在的相称为分散相，把另外的连成一片的相称为连续相。这两相中，一般有一个是"水"相，另一个是与"水"不相溶的非极性液体，称为"油"相。生物油/柴油乳化燃料中，生物油作为水相，比例低，是分散相；柴油作为油相，比例高，是连续相。这种"油包水"（water-in-oil）的乳化液简称 W/O。

要制备具有一定稳定性的乳化液所需要加入的第三种物质为乳化剂，乳化剂大多是表面活性剂。乳化剂可以分为合成表面活性剂、合成高分子表面活性剂、天然产物和固体粉末等几大类。燃油类乳化液一般采用合成表面活性剂中的非离子型的酯型乳化剂，主要是失水山梨醇脂肪酸酯（Span）系列、失水山梨醇脂肪酸酯环氧乙烯加成物（Tween）系列。多数研究采用 Span 系列和 Tween 系列乳化剂复配作为复合乳化剂。

当外界环境气体加热液滴时，液滴的传热速度比扩散速度大得多，随着液滴温度的不断上升，因"水相"的沸点比"油相"的沸点低，当液滴表面温度介于"水相"与"油相"的过热温度之间时，在接近液滴表面一薄层内的部分"水相"液滴会首先达到过热状态，在液滴表面处蒸发，因环境中"水相"蒸气的浓度是比较低的，"水相"蒸气将会向环境进行扩散，而这个时候此区域内"油相"的蒸发与扩散则相对来说比较慢，经过短暂且激烈的蒸发后，只有"油相"停留在接近外表面的薄层里，在外表面形成"无水层"。之后，液滴继续吸收热量，一部分热量提高"无水层"温度，另一部分热量传向液滴内部，内部的"水相"吸热后运动速度有所加快，并且，"水相"过热后体积膨胀，这都增加了"水"滴碰撞概率，在"无水层"内形成若干大液滴。随着"水相"液滴体积的膨胀，整个液滴的体积也会随之增大,"无水层"变薄,液滴的表面张力也会有所降低。"水相"液滴的蒸气压力不断升高直至其饱和压力,形成"水相"蒸气团。

当环境气体加热液滴时,液滴的传热速度远大于扩散速度。随着液滴温度的升高,"水相"的沸点低于"油相"的沸点。当液滴的表面温度在"水相"和"油相"的过热温度之间时,在液滴表面附近的薄层中的一部分"水相"液滴将首先达到过热状态并在表面上蒸发。下降。由于环境中的"水相"蒸气浓度相对较低,"水相"蒸气会扩散到环境中,此时"油相"在该区域的蒸发和扩散相对较少。慢。在短暂且剧烈的蒸发之后,仅"油相"保留在外表面附近的薄层中,在外表面上形成"无水层"。之后,液滴继续吸收热量,部分热量增加"无水层"的温度,另一部分热量在液滴内部传递。内部"水相"吸收热量并且移动速度增加,并且在"水相"过热后,体积膨胀,这增加了"水"碰撞的可能性,形成几个液滴大的"无水层"。当"水相"液滴的体积膨胀时,整个液滴的体积增加并且"无水层"变得更薄并且液滴的表面张力也降低。"水相"液滴的蒸气压连续增加至饱和,形成"水相"蒸汽物质。最后,"水相"蒸气质量的蒸气压将大于整个液滴的表面张力与环境压力之和。当存在外部干扰时,内部"水相"蒸汽物质的体积将迅速膨胀,并且"无水层"将开始被研磨以形成微爆。微爆可以进一步细化液滴以获得乳液喷雾的"二次雾化"效果,这有利于液体和环境气体的宏观和微观混合,并且燃烧效果良好。研究表明,与秸秆类似的生物质快速热解产生的生物油浓度为20%,复合乳化剂的体积为2%。当等效燃料消耗低于纯柴油时,节省燃料的效果可观,并且实现了最大的燃料节省率;NO和乳化烟灰的排放甚至优于纯柴油;生物油/柴油燃料乳液生物质热解的物理和化学性质与柴油相似,可以不经修改地应用于普通柴油发动机。

最后,"水相"蒸气团的蒸气压力将会比整个液滴的表面张力与环境压力之和要大。当有外界扰动存在时,内部"水相"蒸气团的体积就会急剧膨胀,开始撕碎"无水层",形成微爆。微爆能够进一步细化液滴,达到乳化液喷雾"二次雾化"的效果,对于液体与环境气体的宏观与微观混合是有利的,其燃烧效果较好。研究显示,由秸秆类生物质快速热解产生的生物油浓度是20%、复配乳化剂容积含量是2%的乳化燃料,当量油耗率比纯柴油低时,节油效果显著,最高节油率能够达到10%;乳化燃料的NO和碳烟的排放也优于纯柴油的排放;生物质热解生物油/柴油乳化燃料的理化特性接近于柴油,可以应用在没有改装过的普通柴油机。

2. 生物油替代苯酚制备酚醛树脂胶黏剂技术

酚醛树脂(PF)为酚类和醛类在催化剂作用下形成的树脂的总称,其中最重要的是苯酚和甲醛缩聚而成的酚醛树脂。纯酚醛树脂的酚羟基与亚甲氧基易于氧化，进而影响耐热性及耐氧化性；固化后的酚醛树脂由于苯环之间只由亚甲基相连而显脆性，故需加入柔性基团增加韧性。生物油尤其是林木热解产物中含有大量的酚类、醛类以及酮类等成分，还有 C—O、CH₂—OH、柔性基团等，增加了反应活性及交联度，能部分代替苯酚制取 PF 胶，并且在一定程度上发挥出改性 PF 的作用。

酚醛树脂（PF）是在催化剂作用下由酚和醛形成的树脂的总称，其中最重要的是通过苯酚和甲醛的缩聚获得的酚醛树脂。酚羟基和纯酚树脂亚甲氧基对氧化敏感，影响耐热性和抗氧化性；交联后的酚醛树脂由于苯环与仅相当脆弱的亚甲基之间的连接，必须加入柔性基团中增加电阻。特别是生物油树含有大量的酚类、醛类和酮类等成分的热解产物，以及 CO、CH₂—OH 等柔性基团，并且提高了交联反应性，可部分取代苯酚用于制备 PF 凝胶，并且在一定程度上起到改性 PF 的作用。

二、高附加值化工品提炼技术

生物油的成分较为复杂，一般含有数百种化合物，基本上涵盖了各类含氧有机化合物，有着很宽的沸点范围。生物油中的不挥发分含量大概占 35%~50%。故即便在减压条件下，采用蒸馏几乎不可能把可挥发分完全分离开。除此之外，因生物油的热稳定性比较差，一旦蒸馏的液相温度在 100℃ 以上，便会发生明显的缩合与聚合反应，进而造成结焦与碳化。因而蒸馏法不能直接用于生物油的分离。溶剂萃取由于可以在低温下进行，曾被广泛应用在生物油成分分析与表征的前处理。

生物油的成分复杂，通常含有数百种化合物，包括各种含有宽沸程氧的有机化合物。生物油中的非挥发性含量约占 35%~50%。因此，即使在减压下，通过蒸馏几乎不可能完全分离挥发物。此外，由于生物油的热稳定性相对较差，一旦蒸馏液相的温度高于 100℃，就会发生显著的缩合和聚合反应，进而引起焦化和碳化。因此，蒸馏方法不能直接用于生物油的分离。溶剂萃取已广泛用于生物油组分的分析和表征的预处理，因为它可以在低温下进行。

溶剂萃取是使用化合物在两种互不相容（或微溶）的溶剂中的溶解度或分配系数的差异将化合物从一种溶剂转移到另一种溶剂的过程。当达到相平衡时，彼此不相容的两种溶剂分成两相。通常溶剂是水，而另一种溶剂是有机溶剂，因此两相也分别称为水相和油相。

基于生物油萃取过程中使用的溶剂，它可以细分为水萃取、有机溶剂

萃取和超临界 CO_2 萃取。

溶剂萃取（Extraction）是利用化合物在两种互不相溶（或微溶）的溶剂中溶解度或者分配系数的不同，使化合物从一种溶剂转移到另外一种溶剂中，最终实现化合物分离的过程。当达到相平衡时，互不相溶的两种溶剂就会分为两个相。一般一种溶剂是水，另一种溶剂是有机溶剂，故两相也分别被叫作水相与油相。

按照生物油的萃取过程所采用的溶剂不同，可以分成水相萃取（aqueous extraction）、有机溶剂萃取（organic solvent extraction）以及超临界 CO_2 萃取（supercritical CO_2 extraction）。

（一）水相萃取

实质上，生物油不是真正的溶液，而是油包水型的微乳液系统。随着结合在生物油中的水量增加，油相不再是连续相，导致破乳而分相。对于含有较少水溶性轻组分化合物和高木质素衍生物的生物油，在较低含水量的情况下可以形成更多相。发生相分离时的掺水量也称为临界水含量或最大含水量。它与原始水含量和生物油的组成有关。通常，当水和生物油之间的质量比在 0.3 和 0.5 之间时发生相分离。使用该性质，将一定量的水或无机盐的水溶液直接添加到生物油中以获得生物油分离的方法称为水相萃取。它是从生物油中提取化学品的主要方法，也是最简单的方法。该方法允许大部分纤维素和半纤维素衍生的极性化合物主要集中在上层水相中，而由木质素衍生来的弱极性化合物主要集中在下层黏稠状的油相中。在 20℃下，呋喃酮的分配系数接近 1。即顺序越靠前的化合物更可能进入水相，而越靠后的化合物越倾向于保留在油相中。

富含在水相的极性化合物可以通过一定的方法（如溶剂萃取、减压蒸馏与水解等）分离成有机羧酸、醛、酚、酮等。糖类化合物可以通过水解和发酵获得生物乙醇。例如，糖类化合物可以通过在 40℃ 和 15mmHg 的减压下萃取后在水相中蒸馏挥发性物质来获得。Bennett 等的研究，在欧洲赤松热裂解油的研究，从热解油中提取左旋葡聚糖的合适水相萃取条件为34℃，水/油比为 0.5，每 100g 生物油中获取到 7.8g 左旋葡聚糖。

生物油中的酚与羧酸会抑制糖发酵，以产生乙醇和脂质化合物。因此，必须在发酵前除去这些化合物。最常见的方法包括溶剂萃取、活性炭脱附、离子交换、乳糖分解酶以及过氧化氢酶处理等。也可以通过中和除去羧酸。用 $NaHSO_3$ 水溶液萃取有助于在水相中萃取醛化合物，并且使用碱性水溶液有助于酸的萃取。Chen 等用活性炭进一步去除富含糖的水相中的有毒物质，然后用 S. cerevisiae 生产乙醇，Cryptococcus curvatus 和

Rhodotorula glutinis 制备脂质化合物，得到 0.473 克乙醇/克葡萄糖和 0.167 克脂质化合物/克糖（相当于 0.266 克乙醇/克糖），这表明乙醇发酵的效率高于脂肪生产的效率。

生物油的组成复杂，如果需要提取化合物，则不可避免地要共萃取其他化合物。因此，我们必须考虑分配系数和分离因子。但是，该方面的实验数据仍然不足。由于生物油组分的复杂性，化合物在两相中的分配系数不仅与溶剂的极性、溶解度、操作条件（如温度等）密切相关，生物油中其他组分的种类、含量也会影响到其分配系数。除此之外，油/水相比也会影响到分配系数。共萃取还显著降低了从生物油中提取单一化合物的选择性。因此，有必要考虑在单一化合物的研究中获得的用于提取和分离真实生物油的相分配系数。通过在水相中萃取，通过高可靠性难以将有价值的化合物与生物油分离。通常，水相萃取仅是生物油分离的初步方法。

（二）溶剂萃取

在生物油的分离中，通常，溶剂萃取是被用于生物油经水相萃取之后，再从水相中分离出一些特定化合物。此外，还可直接对生物油进行溶剂萃取，但必须仔细选择溶剂。如果未正确选择溶剂，则可能发生不分相。通常，弱极性有机溶剂促进相分离，但对极性化合物的萃取能力并不大。

就生物油中的乙酸萃取来说，乙酸极性更强，并且在通过水相萃取后，它主要存在于水相中。当采用有机溶剂再把乙酸反萃取到有机相以与其他极性化合物分离时，由于分配系数不高，乙酸倾向于保留在水相中，通常需要一种弱碱性化合物。

（三）超临界萃取

超临界流体（supercritical fluid，SCF）是指温度高且其临界温度与压力高于临界压力的流体。从本质上讲，它是一种致密的气体。超临界流体具有许多普通液体不具有的特殊性能，例如扩散系数高 2~3 个数量级，黏度小 2~3 个数量级，有较大的导热系数和较小的表面张力，因此流动性和转移性能更好。其介电常数随压力突然变化。超临界流体的这些物理性质会根据压力和温度而变化。由于 CO_2 的临界温度不高（304.1 K），临界压力较低（7.38 MPa），无毒，无味，无污染，因此实际上 CO_2 总是超临界流体。

超临界 CO_2 萃取（SC-CO_2）的优点包括：①超临界速度，高效率；②由于 CO_2 有毒，用 CO_2 萃取后没有溶剂残留的问题；③萃取后，只要减压或改变提取物的温度即可分离，不用进行反萃或者蒸馏等处理；④SC-CO₂汽化相对较低，一般在溶剂萃取过程后降低，溶剂中的能量消耗通过蒸馏除去。SC-CO₂萃取具有以下缺点：①高压操作，设备投资大，而且能耗高低会在很大程度上受到操作压力和萃取时溶剂—溶质比的影响；②SC-CO₂相对较弱，通常它仅适用于弱极性化合物的萃取和分离。

SC-CO₂萃取分离生物油这种方法比较先进。它能够获得含水非常低的水生物油萃取物。Naik 等对小麦铁杉热裂解油进行了 SC-CO₂ 萃取研究。在 40℃，10~25MPa 下萃出物中，主要含有呋喃类（2.4%~5.6%）、吡喃类（1.2%~2.1%）以及苯环类（26.2%~29.99/6）化合物，而在 30MPa 的压力则含有很高浓度的脂肪酸/醇以及高沸点化合物（71.5%）。萃出后的生物油热值由 18MJ/kg 提高至 40MJ/kg 以上，萃出物中含水量仅有 2% 左右。

关于通过超临界萃取分离生物的报道不多，特别是关于相的平衡分布系数的数据也很少。未来该领域的研究值得广泛关注。

三、热解技术发展展望

由于采用热解技术能够把松散型固态生物质转化成液体产物——生物油，使得该技术工艺有可能在两个方面发挥重要作用。一方面，作为一种直接能源（资源）转化方式，直接应用生物油作为燃料和基础化工原料。另一方面，生物质热解液化可以作为一种生物质原料的集中方式。通过热解，生物质有固体原料相对密度为 0.3 左右，转化为液体产物（相对密度为 1.2 左右），大大降低了远距离集中运输成本，有可能作为大规模利用生物质的集中手段。即通过分散热解生物质获得生物油，再运输集中到中心加工厂做二次处理，制备成燃料、提取化工原料或间接转化高品质液体燃料等。

经过多年的发展，生物质热解技术已经从最初的以获得最大量液体产物为目的转变为有目的的制备需要的液体产物。随着生物油处理技术的发展，对液化技术的定向性要求更加严格，只有稳定生产特定成分的生物油才能满足后续处理的工艺要求。因此，未来生物质热解技术的发展应该是建立中等规模，稳定定向制备生物油的高效系统。

第五章　生物质的热解原理与
动力学现象

  生物质热解是在特定温度和氧气隔离两种基本条件下进行的简单加热工艺。在不使用氧气和水蒸气等介质的情况下，可以获得高质量的能源产品。热解工艺适用于生物燃料的高挥发量和低固定碳的特性，因为其成本低而备受关注。根据工艺条件，生物质热解可分为慢速热解、常速热解和快速热解。在快速热解中具有极高加热速度的方法也被称作闪速热解。

  生物燃料是复杂的大分子有机物质，所以反应过程包含复杂的路径，事实上把所有的反应路径和反应结果都详尽的描述是不可能的。从微观过程很难描述整个反应过程及其相互作用，不过这些过程的机理还是会以表观现象方式表现出来。这些机理包括在热作用下固体生物燃料析出挥发分的规律，代表其反应速率的表观动力学规律，反应过程的热效应，以及不同工艺条件下热解产物的分布。

  生物质热解过程的研究因为现代分析仪器的加入，实验手段变得更精细化了，已经许多研究者使用这些现代分析仪器了。在实验基础上提出的各种反应模型可以在一定程度上描述热解反应特性，预测反应产物的组成，这对于理解热解过程和指导工艺设计有很大的帮助。

第一节　生物质的热解过程与技术

一、生物质热解原理

  生物质热解是在热作用下有机物的分解的反应。在高温下，复杂的大分子化合物的化学键断开，裂解成小分子的挥发物质，然后从固体中释放出来。挥发物质继续分解，最后只留下固体碳和灰分。气态挥发物质含有在常温下不能凝结的简单气体以及可以凝结成液体的物质都属于挥发性气态物质，如水和生物油。虽然生物质热解的反应过程十分复杂，但经过科学家这些年坚持不懈地研究，已经能够将其主要的反应过程和趋势，以及影响反应的主要因素描述出来了。并且能在这基础之上分别以木炭、热解气和生物油为目标产物，开发相应的工艺流程。

二、生物质热解过程

生物质热解是由传热驱动的热化学反应过程。热量从外部转移到生物燃料颗粒的表面。温度升高导致自由水蒸发，不稳定组分开裂，分解为碳和挥发物，进入气相。随着传热过程的进行，热解过程由外向内逐层进行。碳、初级热解油和不凝气体由热解反应产生。在多孔燃料颗粒中，挥发分继续裂解，不凝气和热稳定的二次热解油形成。从燃料颗粒中逸出的挥发性气体也会通过周围的气相组分，在那里它们会被进一步分解。颗粒内气相挥发性物质的热解称为二次热解反应。二次反应的热效应会改变颗粒的温度，从而影响热解过程。温度越高，气态产物停留时间越长，二次热解反应的影响越显著。生物质热解过程最终形成热解生物油、不可冷凝气体和碳三种产物。整个过程如图 5-1 所示。

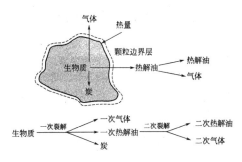

图 5-1 生物质热解过程

(据孙立、张晓东，生物质热解气化原理与技术，2013 年)

一般将生物质热解过程分为以下几个阶段。

（1）预热干燥阶段加热 100℃ 以下的生物燃料，燃料内部水分在 100~130℃ 范围内会彻底蒸发。

（2）干燥过程在生物燃料预热热解阶段温度升高到 150℃ 时结束。化学成分在温度上升到 150~300℃ 时，开始发生变化。当不稳定组分分解为 CO_2、CO 和少量乙酸时，说明热解反应开始了。

（3）当固体分解阶段温度升至 300~600℃ 时，生物燃料发生复杂的化学反应，大量挥发分析表明，这一阶段是热解的主要阶段。生成的液体产品包括有机液体和水，它们构成热解油，气体产品主要包括 CO、CO_2、CH_4、H_2 等。随着温度的升高，煤气产品的产量不断增加。

（4）残炭分解阶段温度继续升高，C-O 键、C-H 键进一步打破，深层的挥发性物质继续扩散到外层，残炭的重量下降，并逐渐趋于稳定，同时，主热解油也经历了各种二次裂解反应。

（一）生物燃料组成

生物燃料主要由纤维素、半纤维素和木质素组成，它们通常被认为是独立热解的。纤维素热解主要发生在 $300\sim375℃$ 的狭窄温度范围内，半纤维素热解温度范围为 $225\sim325℃$，木质素热解可发生在 $200\sim500℃$ 的较宽范围内，但最快的分解速率为 $310\sim420℃$。纤维素和半纤维素的热解产物主要是挥发性物质，热解过程中产生的大部分碳来自木质素。

1. 纤维素热解

纤维素是固体生物燃料的主要成分之一。其结构简单，容易获得，因此被广泛用于基础研究用于生物能源的热分解的实验原料。

纤维素是典型的碳水化合物，它具有饱和多糖的结构。热的稳定性非常低。在低温下开始分解，聚合体的分子链聚合度下降。许多学者常用的纤维素热分解模型是热分解过程中分泌和易发并行反应的过程。一旦热分解反应开始，纤维素就从"非活化态"转移到"活化态"，并在两种相反的路径上受到热分解反应。第一种方法是纤维素脱水生成炭（半焦）和不凝性较轻的气体。第二种方法用于分解并分解里脊并生产挥发性中间生成器，即以左旋葡萄糖为主要成分的裂解油。产生半焦炭的反应在低温下占主导地位。纤维素在 $200\sim250℃$ 开始热解，$300\sim375℃$ 是纤维素热解的主要阶段。

左旋葡萄糖等中间产物在气相环境中发生二次热解，形成最终产物。在正常反应条件下，二次热分解是不可避免的。二次热分解包括聚合、分裂、重组等反应。中间产物再次聚合并产生碳或焦油。焦油中含有芳香族物质（甲苯、苯酚等），再裂解产生 CH_4、H_2、CO、CO_2 等稳定气体和甲酸、乙酸、乙醛、乙二醛、丙烯醛、甲醇等小分子产物。二次热解反应与气体停留时间、压力、升温速度、温度以及反应环境等因素有关。

纤维素热解的化学产物包括 CO、CO_2、H_2、碳、左旋葡聚糖、醛、酮和有机酸。醛及其衍生物是纤维素热解的主要产物。纤维素在 $500℃$ 快速热解时的热解产物，热解在流化床反应器中进行，气相滞留时间 $0.5s$，氮气气氛，颗粒粒径 $90\mu m$。应该指出的是，由于生物质热解中反应路线非常复杂，影响反应的因素很多，这些因素的改变将使最终产物组成发生很大变化，因此文献中给出的热解产物都是针对特定工况的实验结果，很难找到代表性的典型产物组成数据。

2. 半纤维素热解

半纤维素是一种由木聚糖、甘露糖、葡萄糖、半乳糖等组成的多糖化合物。它由具有短分子链和支链的不同糖单元组成。因此，半纤维素是生物质中最不稳定的组分并且具有最高的反应性。在慢速热解中，热解在150℃甚至更低的温度下开始，热解在200~300℃范围内进行得非常快。代表半纤维素的木聚糖的降解机理类似于纤维素，除了中间产物从左旋葡萄糖变为呋喃衍生物，但呋喃衍生物具有更高的活性并经历二次热解并很快转化为气体。由于反应路线复杂，影响反应的因素很多，因此半纤维素在500℃下的热解产物大多是半定量参考数据。

3. 木质素热解

在三种组分中，木质素的热稳定性最好。单体主要是邻甲氧基苯丙烷。单体由-O-醚键和C-C键相连。其结构比纤维素和半纤维素复杂得多。由于对木质素的热解机理的了解还不够充分，所以并不是所有的木质素的结构都能用特定的分子式来表达。

通常认为木质素热解过程遵循自由基反应机理，在常规热解条件下，键断裂导致自由基的形成。普通C-C键能约为380kJ/mol，不易断裂，一些弱键（例如O-O键）在低温下也会断裂。这些键能较弱的化合物可以在相对较低的温度下（低于200℃），发生自由基生成过程，木质素热解过程的温度范围在200~500℃之间。

木质素的一次热解一般发生在200℃的热软化温度下，这是由于氢键裂解和芳基不稳定造成的。随着温度的升高，木质素中的大分子化合物首先通过自由基反应分解为低分子碎片。这些碎片被侧链C-O、C-C键进一步断裂，形成低分子化合物，主要是如邻甲氧基苯酚等轻芳香族物质。

热解过程中产生的大部分炭来自木质素，因为木质素中的芳环难以破碎。在较低的反应温度（≤400℃）和较慢的加热速率（≤100℃/min）下，木质素热解可以产生超过50%的碳。木质素热解液体产品中有芳香物质，如苯酚、二甲氧基苯酚、甲酚等。在600℃以上的温度下，这些产品会发生二次反应，如裂变、脱氢、缩合、聚合和环化。裂变反应产生小分子，例如CO、CH_4和其他气态烃、乙酸、乙醇酸和甲醇，而聚合和缩合反应形成其他芳烃聚合物，稳定的可凝物，例如苯、苯基苯酚、香豆酮和萘。

谭洪等研究了木质素热解产物在快速热解试验台上的分布规律，结果表明：在300~800℃的温度范围内，随着温度的升高，焦炭产量呈下降趋势。在650℃之前，下降趋势显著，然后趋于平缓，最终达到26%的稳定值。热解油生产呈先上升后下降的趋势，在550℃左右达到最大值约27%。随后，随着温度的进一步升高，一些组分经历二次裂解产生小分子气体，导致焦油产量下降。随着温度的升高，不凝性气体的产率逐渐增加。在550℃之前，气体主要来自木质素热解。然而，在550~750℃，裂解油的二次裂解更加明显地增加了气体产量。

（二）影响生物质热解过程的因素

宏观上，所有生物质热解过程都是从碳、热解油和不凝气体中获得的。对于工程应用，掌握热解过程的影响因素和控制工艺条件是非常重要的。目标产品可能很多，质量也不错。影响热解过程的因素包括反应温度、加热速率、反应停留时间、材料特性、压力等。

1. 反应温度的影响

反应温度是影响生物质热解的一个重要因素，对热解产物的分布以及热解油和不可凝析气的组成有显著影响。通常表示为反应堆内的最高温度。

根据阿雷尼乌斯定律，反应温度的升高大大加快了热分解过程中每个反应的速率。当温度较低时，反应速率控制热分解过程。当温度较高时，热分解过程从燃料颗粒和挥发性分离颗粒控制到表面传输率和内部传输率，抑制传输率。反应速率提高后，高温促进了二次裂解反应的进展。因此，反应温度影响生物燃料的一次热解和二次热解，改变了热解产物的分布和组成。

许多学者已经表明热解油产率随着温度的变化有一个显著的极值点，不同原料的最大热解油产率的温度为450~550℃，这种现象与所用原料的类型和反应器类型都没有关系。如图5-2所示，是滑铁卢大学1988年在流化床反应器上进行快速热解时得到的气、液、固三项产物得率与温度之间的关系。其他学者的试验结果也证明了这一现象，因此之后的学者都把500℃作为生物质热解液化的设计温度。从反应速率和传热传质速率平衡的角度，容易理解反应温度对热解产物分布的影响，因为二次热解使部分热解油降解为气体。

尽管图5-2是由快速热解试验得到的，但从中可以看出反应温度对气、液、固产物分布的影响趋势，即随着反应温度的升高，产碳量降低，产气量增加。一般来说，慢热解采用较低的热解温度（300~400℃），以尽可能提高产碳量。快速（闪速）热解采用介质反应温度（450~550℃），加上极高的升温速率和极短的气相停留时间，提高热解油收率。热解速度快，升温速率极高。如果温度高于700%，则以气体产物为主。

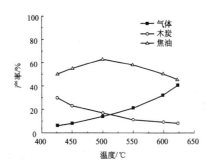

图 5-2 快速热解时温度与产物的关系

(据孙立、张晓东，生物质热解气化原理与技术，2013 年)

反应温度也影响三相产物的化学组成。提高反应温度将降低碳中残余挥发物的比例，从而增加碳的热值。对于液体产品，H/C 和 O/C 比率都会发生变化。当温度低时，所得液体含有较多的一次热解油，而一次热解油具有较高的氧含量和较低的热值，因此只能用作低品位的燃料油。当反应温度高于 650℃时，热解油中 H/C 和 O/C 的比例会下降，因为二次热解中的缩合反应和聚合反应会使含氧有机蒸气转化为有机物质。氧含量低，热稳定性好，如苯和萘，在一定程度上提高了热解油的质量。对于气体产品，较高的反应温度使得 H_2 含量增加并且 CO_2 含量显著降低。

2. 升温速率的影响

加热速率对热解过程有显著影响，导致三相产物分布发生较大变化。升温速率很低（0.01~2℃/s）的慢速热解（干馏）有利于提高炭的产率。传统的木炭生产是生物质的缓慢热解工艺、碳的质量产和能量产率可分别达到 30% 和 50%。常温热解（<10℃/s）以相似的产率获得热解油（焦油）、可燃气体和炭。产物分布随反应温度的不同在一定范围内变化。快速热解的升温速率超过 100℃/s，超过 1000℃/s 通常称为闪速热解。当加热速度极快时，纤维素和半纤维素几乎不形成炭，因此热解产物中炭的产率降低，气相和液相产物的产率显著增加，成为主要的热解产物。如果控制热解温度在 500℃左右，并采取快速冷却措施，热解油产率可达 70% 或以上；如果温度高于 700℃，主要生产气体产物。

当升温速率增加时，物料颗粒达到热解温度的时间变短，但是传热滞后效应导致颗粒内部和外部的温差变大，这可能影响内部热解。慢速热解的反应进行得比较充分，所得木炭含挥发分少，而快速热解的木炭价值不如慢速热解。慢速热解产生的热解油含氧量较低、极性低、含芳烃量高。快速热解的裂解油中有机质含量为 75%~85%，含氧有机物较多且含水量较大。慢速热解的气体中主要含 CO、CO_2 及少量 H_2 和 CH_4；快速热解的气体收率高，含 H_2、CO、CH_4 较多，质量较慢速热解气要好。

3. 滞留时间的影响

热解反应滞留时间分别为反应器中燃料颗粒的固相滞留时间和挥发性物质的气相滞留时间。反应器的结构设计决定了固相和气相的滞留时间。经研究证明，对于给定的生物质颗粒大小和反应温度，完全转化生物质只需要少量的固相滞留时间，因此考虑到快速热解过程，停留时间通常较短。这是相位滞留的时间。

气相滞留时间一般不影响一次热解反应过程，只影响热解油液相的二次热解反应。一次热解产物在进入颗粒内及颗粒周围气态时发生二次热解。在高温条件下，气相停留时间越长，二次反应的影响就越明显。二次热解释放出 H_2、CO、CH_4 等不凝结气体，导致液体产品迅速减少，炭和气体产品增加。这是当气体是目标产物时的理想过程。为了获得更多的热解气，应该延长气相的滞留时间，使挥发性物质留在反应器中。相反，如果要获得最大的热解产油量，则应缩短气相滞留期，挥发性产物应迅速离开反应器，并迅速降低温度，以防止二次反应过程。对于快速热解过程，气相滞留时间是一个关键参数。所谓快速热解或闪速热解，不仅意味着升温速率高，而且反应时间非常短。

气相滞留时间也会影响热解油的含氧量和 H/C 比例。滞时间越短，二次热解次数越少，热解油的含氧量和 H/C 越高。

4. 压力的影响

在热解过程中，大分子生物燃料被分解成较小分子产物，分子的数量和体积显著增加。根据质量作用定律，小压力有利于反应过程。所以有许多热分解过程都采用了常压反应系统，也出现了一些真空反应系统。

低压的使用在以下几个方面对生物质的热解过程有积极的影响。

（1）对于体积增大的反应，低压有利于热分解反应，反应的平衡随着分子数量的增加而改变。

（2）系统中的低压将导致热解蒸汽快速离开燃料颗粒。对于相同体积的反应器，减少了气体滞留时间，降低了二次反应的可能性，提高了热解油的产率。以纤维素热解为例，炭和热解油的产率在一个大气压下分别为 34.2% 和 19.1%，在 200Pa 的真空下分别为 17.8% 和 55.8%。

（3）较低的压力降低热解温度。热重分析表明，在常压下，半纤维素 305℃ 和纤维素 350℃ 时的裂解率达到最大。真空条件下，半纤维素主要在 200~250℃ 分解，纤维素主要在 280~320℃ 分解。

（4）随着体系压力的降低，液体产物沸点也降低了，这对液体产物的蒸发是十分有利的。

5. 燃料特性的影响

生物燃料的类型、颗粒度、粒度分布和形状对热解过程有重要影响。这种影响是相当复杂的，通常会影响不同程度的热分解过程，以及外部条件，如热分解温度、压力、加热速率。由于生物质材料是各向异性的，其形状和质地影响水的渗透性，影响挥发物的扩散过程。粒径是影响热解过程的主要参数之一，当粒径小于 1mm 时，热解过程主要受反应动力学速率控制，而当粒径增大时，过程也受传热传质现象的控制。此时，粒径成为热传递的限制因素。当加热大颗粒时，颗粒表面的加热速率远高于颗粒中心的加热速率，因此在颗粒的中心发生低温热解并产生过量的炭。当加热速率恒定时，热解速率趋于随着燃料颗粒尺寸的增加而降低，并且降低程度与升温速率有关。

生物燃料成分亦对热解产物分布有较大影响，通常含木质素多者炭产率较大，半纤维素多者炭产率较小。木质素热解所得到的液态产物热值最高，半纤维素热解所得到的气体热值最高。

三、生物质热解的主要工艺类型

生物燃料总质量的 60%~80% 是挥发分，热解反应在包括燃烧和气化在内的所有热化学过程中起着重要的作用。但是独立发展的生物质热解工艺是隔绝氧气的单纯加热工艺，采用不同工艺条件，生产木炭、热解气或热解油。

根据工艺条件，生物质热解工艺可分为慢速热解或称为干馏碳化（carbonization）、常速热解（conventional pyrolysis）、快速热解（fast pyrolysis）三种。快速热解中升温速率特别高的工艺又称为闪速热解（flash pyrolysis）。文献报道的真空热解（vacuum pyrolysis）按升温速率应属常速热解，但产品以热解油为主。表 5-1 列举了生物质热解的主要工艺类型和工艺条件。

表 5-1 生物质热解的主要工艺类型

工艺类型	滞留时间	升温速率/（℃/s）	反应温度/℃	主要产物
慢速热解	数小时~数天（固相）	0.01~2	<400	炭
常速热解	5~30min（固相）	<10	400~800	气、油、炭
快速热解	0.5~5s（气相）	100~1000	450~600	油

续表

工艺类型	滞留时间	升温速率/（℃/s）	反应温度/℃	主要产物
闪速热解 （液体）	<1s（气相）	>1000	450~550	油
闪速热解 （气体）	<10s（气相）	>1000	>650	气
真空热解	2~20min（固相）	<10	450~500	油

慢速热解的目的是为了制取木炭或进一步制成活性炭，是传统的经典工艺，一般采用炉窑生产的形式，生产周期长达数小时或数天。慢速热解的加热方式有自热式和外热式两种，前者供给少量空气使部分燃料燃烧，后者用热解气的燃烧供给热量。

常速热解得到热解气、焦油和炭三种产物。中低温（400~550℃）热解工艺可以作为生物质气化的前置工艺，以降低气化中的焦油含量。当热解温度达到600~800℃后，主要产物是中热值可燃气体，因此也作为制取高品质燃气和合成气的独立工艺。

快速热解的主要产物是热解油或称为生物油，其工艺要点是极快速地加热和气相产物极快速地冷却。通过这种瞬间的反应，将60%~70%的生物质转化为生物油。为此发展了许多各具特色的快速热解反应器，主要形式有流化床、循环流化床、输送床、烧蚀反应器、旋转锥反应器等。

第二节　生物质燃烧热解热力学现象

由于生物质热解反应的复杂性，想单从微观过程来对整个反应过程及其相互作用进行描述是不太了能的。为了得到一个相对简单的热解过程模型并指导热解过程的设计，通常用表观动力学来解释热解过程的规律。从理论上讲，热分解过程虽然包含许多复杂的反应，但反应规律是以表观现象的形式表达的，热分析为研究反应动力学提供了一种高度准确的分析工具。从固体生物燃料一侧反映了热解过程的规律和特点。

一、热重分析简介

常用的热分析方法有热重法（TG）、差热法（DTA）、差扫描量热法（DSC）等。热重法得到的信息反映了固体燃料试样在热作用下质量损失的现象和反应速率，差热法和差扫描量热法显示了该过程的热效应。

热重法（TG）是一种在预定温度下使用热天平获得物质质量与温度关系的技术。热重分析仪原理如图 5-3 所示。热天平能自动连续地对试样质量进行动态称量和记录。把样品放在密闭的炉内，温度控制系统按照固定的程序改变试样温度，试样不断重，得到样品失重规律。试样周围的气氛可以根据不同的样品和测试要求进行控制或调整。生物质热解是一种不含氧的热裂解过程。为避免燃烧反应，试验时一般采用氮气保护。

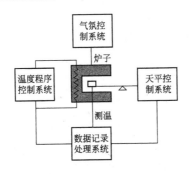

图 5-3　热重分析仪原理

(据孙立、张晓东，生物质热解气化原理与技术，2013 年)

利用热重法得到了程序控制温度下试样质量与温度的关系曲线，即热重曲线（TG 曲线），横轴是温度或时间，纵轴是质量。有时它以百分比损失表示。由于试样质量变化的实际过程在一定温度下不是同时发生的，所以热重曲线的形状不是一个直角台阶状，而是一个具有过渡和倾斜区段的曲线。TG 曲线可用于获取试样组成（用于生物燃料也就是其工业分析成分）、热稳定性、热解析挥发分等与质量相关信息。

对热重曲线进行一次微分，就能得到微商热重曲线（DTG 曲线），反映了试样质量变化率与温度（或时间）之间的关系。DTG 曲线以温度 T 或时间为横坐标，从左到右增加温度或时间，而垂直坐标为 dm/dT 或 dm/d，表示质量从上到下减少，或者增加从底部到顶部沉淀到气相中的物质的质量。TG 曲线上的一个台阶是 DTG 曲线上的一个峰，峰面积与试样质量的变化成正比。热重分析仪可同时记录 TG 曲线和 DTG 曲线。尽管 DTG 曲线可以提供与 TG 曲线相同的信息，但与 TG 曲线相比，DTG 曲线可以清楚地反映初始反应温度，最大反应速率温度和反应终止温度，并提高区分能力两个或多个连续的质量变化过程。由于在一定温度下 DTG 曲线的峰高与该温度下的反应速率直接相等，因此可以方便地用于反应动力学的计算。

热重法是的过程热分析方法中使用最广泛的方法。在反应动力学参数的测定中，有两种方法：等速升温法（也称动态法）和等温法（也称为静态法）。

　　等速升温法是指试样温度随时间线性变化的点，不同温度通过热天平连续记录的质量，测量 A 试样失重（TG）曲线和 A 计算的失重率（DTG）曲线，然后利用不同动力学分析方法的测试数据和系列和反应动力学参数的特征，如活化能 E 和频率因子 A 等，从而建立描述反应方程的过程。

　　等速升温法用于研究热解反应从开始到结束的动力学。为了消除试样之间的误差，减少实验工作量和时间，只需要少量的测试试样。得到热解动力学参数非常方便，因此被许多学者采用。

　　等温法是在恒定温度下测定反应物的失重现象。由于等速升温法与实际的热解工艺有一定差别，为了判断在某一温度下的生物质热解速率、完成热解需要的停留时间，以及热解后的炭残余量等参数，温度相对恒定的等温法试验仍有重要价值。等温法试验得出的反应现象相对来说更为直观，缺点是若要得到一定温度范围的反应动力学参数，必须进行不同温度的试验，工作量较大。等温法首先将加热炉升温至预设的试验温度，然后放入试样并保持试验温度。虽然炉腔内已有氮气保护，但打开炉门放入生物质试样时，空气会混入炉腔，在高温下试样会迅速燃烧而偏离热解过程。因此需要采取特别的措施，不使空气混入仪器而使测试精度降低，其中的一个经典方法就是将整台仪器置于氮气保护之下。

二、等速升温热解现象

　　一些外国研究人员在温热条件下对不同生物燃料进行热重量分析和速率理论研究，并以此为基础建立了不同生物量的热分解速率理论模型。Gaur 列出了数个热重量分析结果，其中包括纤维素、半纤维素、各种林业残余物、农业残渣、果壳等，并列举了加热速率、试样粒度对试验数据的影响。国内的学者还使用了多个热重分析仪来在一定的温度下实施多个热分析测试。这些研究表明生物热分解外观的法则，从而说明了共同的结论：①热解反应，是一级反应。②生物热交点是纤维素、半纤维素和木质素三个主要成分的热解的叠加。半纤维素的分解热高峰出现在 280~300℃ 的范围内，分解纤维素的热的高峰是 300℃ 以后。③是加热速度不同、近似平行的组热重曲线，随着加热速度的增加而增加。热重曲线的位移是由于试样内传热延迟造成的。④不同生物量材料的热重曲线不同，但基本形状与变化趋势没有本质区别。

下面以典型农业残余物的等速升温热重分析为例，介绍生物燃料在热解中的表现。实验仪器为 TG/DTA6200 热重差热分析仪（图 5-4），试验中使用高纯氮气作为保护气。

图 5-4　TG/DTA6200 热重差热分析仪

（据孙立、张晓东，生物质热解气化原理与技术，2013 年）

（一）等速升温的 TG 和 DTG 曲线

在等速升温实验中，在室温下将约 6mg 试样放入热平衡坩埚中。称重后，通入流速为 60mL/min 的高纯氮气，并将加热区的空气净化约 30min。然后打开电源加热试样，继续通入氮气，使试样在惰性气氛中完成热解。测试后，用氮气将试样冷却至室温，并取出残留物。在每次材料测试结束时，在相同条件下进行空白试验，以消除系统误差。

以玉米秸、麦秸、棉木、稻壳、玉米芯和花生壳为原料，分别以 10℃/min、20℃/min、50℃/min 和 100℃/min 的升温速率进行了等速升温热重试验，获得的 TG 和 DTG 曲线如图 5-5 所示。每种原料的结果在相同的温度坐标下排列成两组曲线，上方是失重曲线（TG,%），下方是相对于单位温度升高的失重率曲线（DTG,%/℃），此处表达为析出到气相的物质质量增加，因此取为正值。

（二）等速升温热重曲线的特征

从图 5-5 可以看出，不同生物燃料的 TG 曲线和 DTG 曲线变化趋势相同。在不同的升温速率下，得到了一组大致平行的热重曲线。随着升温速率的增加，热重曲线向高温方向移动。当加热速率从 10%/min 增加到 100%/min 时，反应延迟了 45% 左右。人们普遍认为，热重曲线转移到高温，因为生物质材料的导热系数很小，和从外部传热的试样需要一段时间，导致热滞现象，升温速率的增加导致热滞后现象加重。

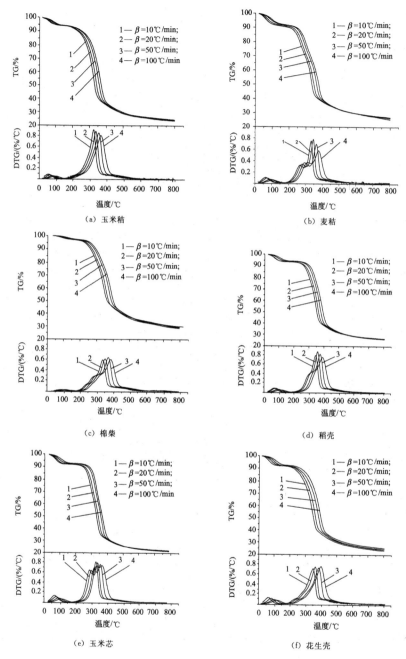

图 5-5 生物燃料等速升温的 TG 和 DTG 曲线

（据孙立、张晓东，生物质热解气化原理与技术，2013 年）

　　总体而言，TG 曲线形状基本上是相同的，只是反应起始和终止温度、失重速率、失重峰值点、最终残余物含量等特征参数有些差异。选取麦秸在升温速率 $\beta=50℃/min$ 时的 TG 和 DTG 曲线作为例子，如图 5-6 所示，可以将热解过程大体分为四个阶段。

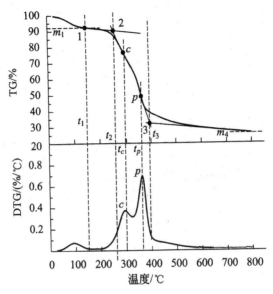

图 5-6　等速升温 TG 和 DTG 曲线的特征

(据孙立、张晓东，生物质热解气化原理与技术，2013 年)

　　第一个阶段，从室温到第一点，是原料的初始加热和地表水的去除过程，表现为 TG 曲线的下降和 DTG 曲线的一个小峰值。在第一阶段结束时，试样的质量分数为 m_1，$(100-m_1)$ 为失水。在第二阶段，当温度从 1 点上升到 2 点时，试样慢慢失重，TG 曲线几乎变成一条直线，而 DTG 曲线形成了一个平台。一般认为，这一阶段发生了化学结合水的去除和少量的解聚反应。第三阶段温度位于点 2 和点 3 之间，是热解的主反应段。大多数失重都发生在这个阶段。TG 曲线下降较快，TDG 曲线达到峰值。第四阶段是木质素和残渣的缓慢分解和碳化过程。点 3 以后，TG 曲线逐渐过渡到一条趋于水平的直线上，而 DTG 曲线过渡到平台上。最后，残炭的质量几乎是恒定的，热解结束时残炭的质量分数为 m_4。

　　第三阶段是半纤维素与纤维素热解过程的叠加，半纤维素的热解峰位于较低的 C 点温度，而纤维素的热解峰位于较高的 P 点温度。可以发现，不同原料 C 点的突出度是不同的。麦秸和玉米芯有明显的 C 点，而棉木和稻壳在 DTG 曲线上只有拐点，而玉米秸秆和花生壳没有明显的 C 点。这种差异与生物质原料结构有关。

在四种升温速率的等速升温试验中，六种生物燃料的特征温度范围见表5-2。

表5-2　等速升温热重曲线的特征温度

生物燃料	特征温度/℃				
	t_1	t_2	t_3	t_4	t_p
玉米秸	112~159	280~313	350~402		325~332
麦秸	114~169	264~291	347~405	267~313	333~379
稻壳	124~180	290~320	366~415	296~329	338~386
棉柴	119~163	265~300	363~418	278~322	333~382
玉米芯	126~180	279~298	359~409	293~339	335~376
花生壳	116~176	287~324	371~426		343~392

（三）不同生物燃料的等速升温热重特性比较

从木本到草本再到果壳类原料，生物燃料天然形态的差异很大，其收到的基元素成分变化也较大，这些差异对其热解行为的影响到底到了什么程度呢？观察DTG曲线，我们会发现有些原料在热解时有明显的半纤维素热解峰点出现，而有一部分原料半纤维素和纤维素的热解反应是重叠的。除了这些，依旧可以认为各种生物燃料表现出类似的热解规律。图5-7所是升温速率$\beta=20\%/min$时六种原料的DTG曲线，从中可以看出，大量热解失重都发生在270~380℃范围内，而失重高峰p均位360℃前后，这反映了它们热解规律的一致性。

由前可知，生物燃料的化学成分主要受到灰分影响。灰分是一种不参与反应的惰性成分，但在热重试验中，残炭中残留的灰分会影响反应物质的质量分数。此外，在热重测试中，很难控制每个试样的含水率完全一致，这也会影响反应物质的质量分数。为了深入讨论生物质热解现象，有

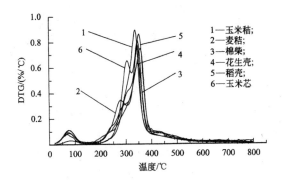

图 5-7　不同原料 DTG 曲线比较（$\beta = 20℃/min$）

（据孙立、张晓东，生物质热解气化原理与技术，2013 年）

必要在同一基础上比较不同原料的热重分析结果。以扣除热解第一阶段沉淀的原料中的水分和灰分的反应物质作为一种假想的干燥无灰基（不同于元素和工业分析中对干燥无灰基的定义），定义：

$$m' = (m - A) \times 100/(m_1 - A) \tag{5-1}$$

式中，m'——假想试样的质量分数，%；

m——原试样的质量分数，%；

m_1——第一阶段结束点的质量分数，%；

A——原料灰分（表 5-3），%。

表 5-3　部分生物质原料的元素成分

生物质原料	玉米秸	麦秸	棉柴	稻壳	玉米芯	花生壳
灰分	5.1	7.6	15.2	14.8	3.6	8.4

对图 5-5 中六种原料在 20℃/min 升温速率下的 TG 曲线，按照式（5-1）进行折算，得出了不同原料假想干燥无灰试样的 TG 曲线如图 5-8 所示。由图 5-8 可以清楚地看出：六种原料的热解过程非常接近，热解反应在基本相同的温度条件下完成。在主反应阶段，当试样质量分数相等时，温差小于 20℃；反应结束时残余质量的差异仅为 5%。

三、等温热解现象

等温试验时，首先将加热炉加热到预设的热解温度，然后放入试样并保持在试验温度。为了防止仪器门在高温下打开时因空气和试样燃烧而导致测试失败，采用了氮气保护的手套箱。将热重仪整体置于手套箱中，并向手套箱中通入氮气以驱除空气，所有操作均通过手套来完成。

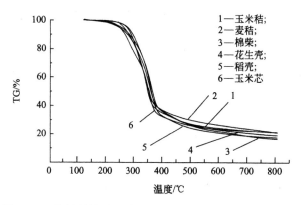

图 5-8　不同原料假想试样 TG 曲线的比较（$\beta=20℃/min$）

（据孙立、张晓东，生物质热解气化原理与技术，2013 年）

（一）等速升温的 TG 曲线

将玉米秸、麦秸、稻壳、花生壳四种原料在 300℃、400℃、500℃、650℃ 和 800℃ 五个温度等级的等温 TG 曲线如图 5-9 所示。

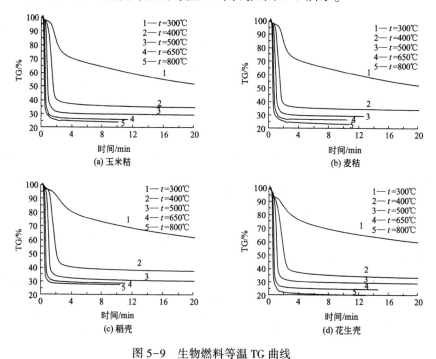

图 5-9　生物燃料等温 TG 曲线

（据孙立、张晓东，生物质热解气化原理与技术，2013 年）

（二）等温热重曲线的特征

总的来说，四种原料的等温 TG 曲线呈现出一致的趋势。试样置于热平衡状态后，在很短的时间内加热至试验温度，发生热解失重，一段时间后达到恒重。曲线显示了两个部分。初始段曲线呈现出急剧下降的趋势，试样失去了大部分质量。到达较低拐点后，下降趋势立即趋于平缓，只有少量残余物仍在缓慢热解。

从图 5-9 中可以得出以下结论：①温度为 300℃时，两个区段的划分不是十分明显，曲线圆滑地下降，温度高于 400℃以后，两个区段的划分就非常清晰了。②在 300~400℃之间，热解速率有数量级上的跳跃。温度为 300℃时，热解完成时间长达 100min 以上（超出图中的时间范围）；而当温度为 400℃时，大量失重的时间仅为几分钟。③300℃与 400℃的曲线之间有较大的距离，而 400℃与 500℃的曲线距离大为缩短，温度高于 500℃以后，尽管温度间隔变大，曲线距离仍然继续缩短。这些现象说明，在 400~500℃之间，热解反应的控制机制发生了变化。温度较低时，热解反应受化学反应速率的控制，提高温度可以显著地提高挥发分析出的速率；温度较高时，热解反应受传热传质速率的控制，提高温度对失重速率提高的影响逐渐减弱。

随着热解温度提高，TG 曲线呈现两个明显变化趋势：①热解所需要的时间缩短，使第一区段的曲线向左方偏移；②残炭的质量减少，使第二区段的曲线向下方偏移。

由于热天平灵敏度很高，在很长时间中才记录到微不足道的质量变化。为便于分析问题，定义达到总失重量 99% 的时间 τ_{99} 为热解时间，认为此时热解已经完成。表 5-4 列出了不同温度的热解时间和完成热解时的残炭质量比例 m_r。

表 5-4 的数据表明，在 400~800℃试验温度范围内，随着温度升高，热解时间持续降低，同时残炭比例也明显下降。例如玉米秸在 400℃热解时，热解时间为 11.3 min，残炭质量为 34%；800℃时，热解时间仅为 3.3 min，残炭质量下降到 24.6%。可见温度水平决定了热解过程的完全程度。

表 5-4　等温热重试验的热解时间和残炭质量比例

原料	t/℃	τ_{99}/min	m_r/%	原料	t/℃	τ_{99}/min	m_r/%
玉米秸	300	97.3	42.0	稻壳	300	115.3	40.9
	400	11.3	34.0		400	13.0	37.5
	500	8.5	29.7		500	9.4	30.4
	650	4.2	26.1		650	3.6	28.8
	800	3.3	24.6		800	2.3	27.7
麦秸	300	98.6	41.9	花生壳	300	116.7	40.9
	400	9.9	33.8		400	13.0	33.4
	500	7.2	29.1		500	7.8	29.0
	650	3.2	26.4		650	5.2	24.3
	800	2.6	24.1		800	4.2	20.1

（三）不同原料等温热重特性比较

为在相同基础上比较不同原料等温热重试验的表现，按照表 5-3 的数据，将灰分从试样质量中扣除，然后将试验数据折算到这种无灰基上，图 5-10 给出了温度为 500℃时，四种原料的热重曲线。

从图 5-10 中可以看出，各种原料的失重规律是一致的，特别在快速失重的阶段，曲线十分接近。在此温度下，仅需要经过 1 min 多一点时间，就完成了 90% 左右的失重，残炭质量也仅相差 5% 左右。试验结果再一次证明，不同原料的热解遵循了相同反应机制。

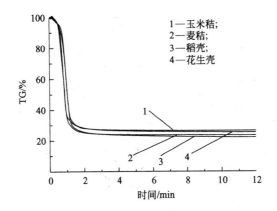

图 5-10　不同原料无灰基等温热重曲线比较（$t = 500℃$）

（据孙立、张晓东，生物质热解气化原理与技术，2013 年）

第三节　生物质燃烧热解动力学现象

由于生物质热解的复杂性，所谓热解动力学实际上是一种表观动力学，即将生物质或者是其中某个成分（如纤维素）看作一个整体，描述其热解反应速率。纤维素热解动力学的研究曾经非常盛行，较多集中在木本燃料，针对秸秆原料的研究较少。由于热分析试验条件和泵料性状的不同，报道的表观动力学参数相当离散，活化能的数据在 $40 \sim 150 kJ/mol$，频率因子在 $10^3 \sim 10^{20} s^{-1}$ 之间，尚不存在一个被普遍接受适合多种生物质的模型。

一、从热重曲线求解动力学参数的方法

反应动力学研究的是化学过程中的反应速率及其影响因素。热重曲线的动态参数可以用等温热重曲线（静态法）或非等温热重曲线（动态法）得到。等温法是在一定温度下的反应现象。非等温法是一个从反应开始到整个温度范围结束的变化过程。非等温热重曲线可以包含和替代许多等温曲线的信息和功能，使分析快速、简单。现有文献利用恒速热重曲线来计算生物量热解的动力学参数，并在此基础上进行分析和比较。

热重试验中试样的分解速率可以表示为：

$$\frac{\mathrm{d}x}{\mathrm{d}\tau} = kf(x) \qquad (5-2)$$

式中，x——转化率；

τ——时间，s；

k——反应速率常数；

$f(x)$——反应机理函数。

在这个表达式中，x 是反应物的转化率，为建立 TG 曲线上的动力学方程，将 x 定义为相对失重率或转化率：

$$x = \frac{m_0 - m}{m_0 - m_\infty} \qquad (5-3)$$

式中，m——试样的质量分数，%；

m_0——试样的初始质量分数，%；

m_∞——试样中不能热解的残余物质量分数，%。

式（5-2）中的 k 为反应速率常数，根据 Arrhenius 关系式，k 可以表示为：

$$k = A\exp\left(-\frac{E}{RT}\right) \qquad (5-4)$$

式中，E——表观活化能，kJ/mol；

A——频率因子，s^{-1}；

R——气体常数，kJ/(mol·K)；

T——反应温度，K。

表观活化能是反应分子与化学反应有效碰撞所需的最低能量。表观激活能量越低，反应能力越强。频率因子是活化分子有效碰撞总数的因子。频率因子越大，反应越容易。随着温度的升高，活性分子的数量急剧增加，化学反应的速度也急剧增加。

$f(x)$ 为关于转化率 x 的函数，其函数形式取决于反应类型或反应机制。一般可假设 $f(x)$ 与温度 T 和时间 τ 无关，对简单反应可取 $f(x) = (1-x)^n$，n 为反应级数。所以有：

$$\frac{\mathrm{d}x}{\mathrm{d}\tau} = A\exp\left(-\frac{E}{RT}\right)(1-x)^n \qquad (5-5)$$

在等速升温的热重分析中，升温速率 $\beta = \mathrm{d}T/\mathrm{d}\tau$，将其代入式（5-5），得到：

$$\frac{\mathrm{d}x}{\mathrm{d}T} = \frac{A}{\beta}\exp\left(-\frac{E}{RT}\right)(1-x)^n \qquad (5-6)$$

这是热重动力学的基本表达式，由此出发可以导出各种动力学方程。动力学研究的目的就在于求解出能描述某反应过程的"动力学三因子" E、A 和 $f(x)$。

对非等温热重曲线，比较经典的数学处理方法有 Flynn-Wall-Ozawa 法、Kissinger-Akahira-Sunose 法、Friedman 法、Coats-Redfern 法、Doyle 法等。这里以 Coats-Redfern 法为例，介绍求取热解动力学参数的过程。

将式（5-6）分离变量并且两边积分得：

$$\int_0^x \frac{\mathrm{d}x}{(1-x)^n} = \frac{A}{\beta}\int_{T_0}^T \exp\left(-\frac{E}{RT}\right)\mathrm{d}T \qquad (5-7)$$

式中，T_0 为开始反应温度，通常在低温时反应速率可以忽略不计。

上式变为：

$$\int_0^x \frac{\mathrm{d}x}{(1-x)^n} = \frac{A}{\beta}\int_0^T \exp\left(-\frac{E}{RT}\right)\mathrm{d}T \qquad (5-8)$$

令式（5-6）左边的积分等于 $F(x)$，则有：

$$F(x) = \frac{\left[(1-x)^{1-n}-1\right]}{1-n} \qquad (n\neq 1) \qquad (5-9)$$

$$F(x) = \ln(1-x) \qquad (n=1) \qquad (5-10)$$

再令 $u = -\dfrac{E}{RT}$，则式（5-6）右边的积分为：

$$\frac{A}{\beta}\int_0^T \exp\left(-\frac{E}{RT}\right)\mathrm{d}T = \frac{AE}{\beta R}\left[\left(-\frac{\mathrm{e}^u}{u}\right)+\int_{-\infty}^u \frac{\mathrm{e}^u}{u}\mathrm{d}u\right] = \frac{AE}{\beta R}P(u) \qquad (5-11)$$

对于式中的函数 $P(u) = \left(-\dfrac{\mathrm{e}^u}{u}\right)+\int_{-\infty}^u \dfrac{\mathrm{e}^u}{u}\mathrm{d}u$，研究者们通过数值积分给出了一定 u 值范围内的数表，在动力学分析中，经常使用的是 $P(u)$ 的级数展开式：

$$P(u) = \frac{\mathrm{e}^2}{u^2}\left(1+\frac{2!}{u}+\frac{3!}{u^2}+\cdots\right) \qquad (5-12)$$

Coats-Redfern 法使用展开式的前两项，经整理后得到：

当 $n=1$ 时，$\dfrac{-\ln(1-x)}{T^2} = \dfrac{AR}{\beta E}\left(1-\dfrac{2RT}{E}\right)\exp\left(-\dfrac{E}{RT}\right) \qquad (5-13)$

当 $n\neq 1$ 时，$\dfrac{1-(1-x)^{1-n}}{(1-n)T^2} = \dfrac{AR}{\beta E}\left(1-\dfrac{2RT}{E}\right)\exp\left(-\dfrac{E}{RT}\right) \qquad (5-14)$

将演算的结果分别代入式（5-6），并且两边取对数，得到：

$$\text{当 } n=1 \text{ 时，} \quad \ln\left[\frac{-\ln(1-x)}{T^2}\right]=\ln\left[\frac{AR}{\beta E}\left(1-\frac{2RT}{E}\right)\right]-\frac{E}{RT} \quad (5-15)$$

$$\text{当 } n\neq1 \text{ 时，} \ln\left[\frac{1-(1-x)^{1-n}}{(1-n)T^2}\right]=\ln\left[\frac{AR}{\beta E}\left(1-\frac{2RT}{E}\right)\right]-\frac{E}{RT} \quad (5-16)$$

$$\text{当 } n\neq1 \text{ 时，} \ln\left[\frac{1-(1-x)^{1-n}}{(1-n)T^2}\right]=\ln\left[\frac{AR}{\beta E}\left(1-\frac{2RT}{E}\right)\right]-\frac{E}{RT} \quad (5-17)$$

对一般的反应区和大部分 E 而言，上两式中的 $\frac{2RT}{E}$ 远小于 1，因此 $\ln\left[\frac{AR}{\beta E}\left(1-\frac{2RT}{E}\right)\right]$ 几乎为常数。这样式左边的对数与右边的 $1/T$ 呈 $m=an+b$ 的线性关系，直线斜率为 $\left(-\frac{E}{R}\right)$，截距为 $\ln\left[\frac{AR}{\beta E}\left(1-\frac{2RT}{E}\right)\right]$。用左边的值对 $1/T$ 作图，如果选定的 n 值正确，则能得到一条直线，通过直线斜率和截距求出 E 和 A 的值。

二、热解动力学参数

从等速升温热重曲线可以看出，t_2 到 t_3 是生物质热解反应发生的主要温度范围，绝大部分失重也是在这个范围内发生。按照 Coats-Redfern 法，求取动力学参数时，针对失重最为剧烈的主反应段需要知道反应级数 n。反应级数的确定需在保持式（5-16）和式（5-17）为线性关系的前提下通过数值计算来求取，但这样计算过于复杂。一般的反应动力学分析均采用试算法，即对 n 取多个值，通过对实验数据的拟合，考查数据点对直线关系的符合程度后确定反应级数。大部分研究者的结论是生物质热解为一级反应，因此可以首先取 $n=1$ 进行试算，采用式（5-16）对多个升温速率下的热重试验数据进行处理，分别求得 $\ln[-\ln(1-x)/T^2]$ 和 $1/T$ 的数据点，然后用 $\ln[-\ln(1-x)/T^2]$ 为纵坐标、$1/T$ 为横坐标作图，对数据的线性相关性采用最小二乘法计算拟合残差来描述。

如图 5-11 所示是对玉米秸、麦秸、棉柴、稻壳、玉米芯、花生壳六种原料热重试验数据进行计算的结果。表 5-5 是分别从直线斜率和截距计算不同升温速率下活化能 E 和频率因子 A 的数值，同时给出了按照反应级数 $n=1$ 拟合为直线时的相关系数 R。

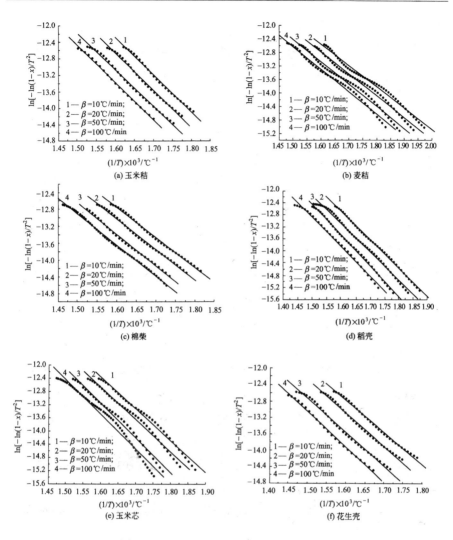

图 5-11 $\ln[-\ln(1-x)/T^2]$ 与 1/T 的关系

(据孙立、张晓东, 生物质热解气化原理与技术, 2013 年)

从图 5-11 可以看出, 六种生物燃料热解过程的 $\ln[-\ln(1-x)/T^2]$ 相对于 1/T 的数据点可以较好地拟合为直线。表 5-5 中计算得到的数据拟合为直线的相关系数绝对值均大于 0.994, 因此反应级数 $n=1$ 是可以接受的, 生物质热解可以用单段一级反应来描述, 即 $f(x)=1-x$。

从图 5-11 中还可以看出, 不同升温速率下每种原料的拟合线接近于平行, 因此由直线斜率计算出的活化能数值相差不大, 例如玉米秸的 E 值仅相差不到 2kJ/mol, 可见在升温速率为 10~100℃/min 的试验条件范围内，升温速率对反应机制影响不大。

表 5-5　生物燃料的热解动力学参数

项目	升温速率 $\beta/$（℃/min）	活化能 $E/$（kJ/mol）	频率因子 A/s^{-1}	相关系数 R
玉米秸	10	75.061	1.54E+04	-0.99754
	20	75.173	2.17E+04	-0.99784
	50	73.285	2.45E+04	-0.99786
	100	75.032	5.15E+04	-0.99865
麦秸	10	52.515	1.12E+02	-0.99459
	20	55.521	2.01E+02	-0.99509
	50	54.083	6.21E+02	-0.99477
	100	55.059	1.14E+03	-0.99341
棉柴	10	59.013	3.56E+02	-0.99834
	20	60.037	6.72E+02	-0.99833
	50	61.743	1.66E+03	-0.99772
	100	60.901	2.16E+03	-0.99892

项目	升温速率 $\beta/$（℃/min）	活化能 $E/$（kJ/mol）	频率因子 A/s^{-1}	相关系数 R
稻壳	10	77.415	1.64E+04	-0.99933
	20	76.627	1.86E+04	-0.99674
	50	80.519	9.81E+04	-0.99907
	100	81.019	1.46E+05	-0.99739
玉米芯	10	80.312	4.17E+04	-0.9946
	20	81.350	7.55E+04	-0.99472
	50	83.365	3.98E+05	-0.99401
	100	83.319	5.65E+05	-0.98843
花生壳	10	64.372	1.04E+03	-0.99784
	20	66.974	2.61E+03	-0.99721
	50	67.924	4.99E+03	-0.9973
	100	67.269	1.40E+04	-0.99827

　　活化能代表化学反应所需的能级，活化能值代表热解反应过程的难易程度。活化能越高，相同温度下的热解越困难。为了获得一定程度的转化，需要消耗更多的外部能量。

　　总体来看，生物燃料热解反应的表观活化能较低，六种农业残余物的活化能在 52~83kJ/(mol·K) 的水平上。一般认为，普通化学反应的活化能在 40~400kJ/mol 范围内，活化能小于 40kJ/mol 的反应速率极快，以至于瞬间就可以完成，而活化能大于 400kJ/mol 的反应速率极慢，可以认为不起化学反应。生物质热解表观活化能低于煤炭的热解表观活化能（一般在 200~300kJ/mol），热解所需要的能量小于煤炭，更适宜于进行热解处理。

为了对比生物燃料热解反应表观活化能的数据，将六种实验原料在升温速率为 20℃/min 时 $\ln[-\ln(1-x)/T^2]$ 对 $1/T$ 的拟合线列于图 5-12 中，其拟合线倾斜度较大的活化能较高。结合表 5-5 的数据，活化能从小到大，依次排列为麦秸、棉柴、花生壳、玉米秸、稻壳、玉米芯，这种差异可能是由原料组成结构的不同引起的。

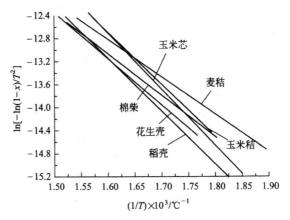

图 5-12　不同原料拟合线的比较（$\beta = 20℃/min$）

（据孙立、张晓东，生物质热解气化原理与技术，2013）

与活化能基本相等的现象相对照，升温速率对频率因子 A 的影响要大得多。由式（5-16）得知，图 5-11 中拟合直线的截距 $b = \ln\left[\dfrac{AR}{\beta E}\left(1 - \dfrac{2RT}{E}\right)\right]$，可以看出频率因子 A 主要受到升温速率 β 的影响，提高升温速率使 A 的数值明显增加。反应动力学的基本表达式（5-5）指出，A 正比于化学反应速率 $dx/d\tau$，因此在热重试验中，设定较高的升温速率 β，将缩短达到给定热解温度所需的时间，从而提高化学反应速率。在快速热解过程中，生物燃料的升温速率达到很高的水平，因此反应速率非常高。

不同粒径秸秆热解动力学参数的结果表明，生物质热解表观活化能与燃料颗粒大小有关，反应活化能随颗粒大小的增加而增加。

第六章　生物质资源转化中的催化转化

生物质催化热解即生物质在热解过程中会使热解蒸气的品质有所提高，催化剂催化热解蒸气进行转化之后，直接得到高价值的液体燃料及化学品。催化热解减少了高能耗的生物油冷凝/再蒸发过程，能量的利用效率较高，其工艺并不复杂，且具有占地面积小、成本低的优势。

第一节　生物质催化热解的途径

生物质直接催化热解的过程比较复杂，包括大分子的不规则断键、小分子的重新聚合等多种气—固和气—气反应。在生物质的组成中，纤维素和木质素的占比达 70%～90%；其中纤维素所占比重为 40%～50%，木质素所占比重为 20%～30%。近些年来，不少学者研究了三大组分的转化途径。如美国麻省大学的 Huber 课题组研究并提出了如图 6-1 所示的纤维素催化热解反应生成芳香烃的反应途径。

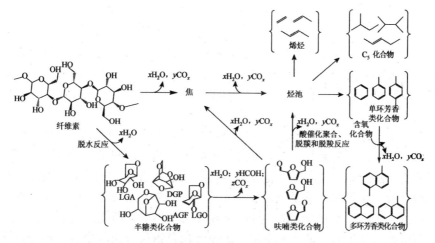

图 6-1　纤维素催化转化反应途径

（据肖睿、张会岩、沈德魁，生物质选择性热解制备液体染料与化学品，2015 年）

在高加热速率下，纤维素会快速地进行脱水反应，生成半糖及其他氧化产物。半糖为热解之后获得的初步产物，热稳定性高，在气相状态下并不容易聚合产生许多焦，焦就是油蒸气再次聚合或者催化反应聚合生成的固态含碳物质。半糖经过脱水反应及异构化生成呋喃类化合物及醛类，其中的小分子物质会扩散至催化剂的微孔或者介孔内，在酸性催化作用下形成碳氢池，经一系列反应生成单环的烯烃、芳香烃。

第二节　生物质催化热解的反应装置

间歇式加料装置运行起来比较容易，大颗粒粒径的加料也是可以的，确定实验结束之后从床料中筛出焦炭，即生物质热解完成之后残余的固体，这样就可以分开计算焦炭和催化剂表面的焦了。

由于连续性加料装置更加接近于实际生产，所以实验中会采用间歇式加料装置与连续式加料装置共同完成生产。

一、间歇式加料流化床实验装置

如图 6-2 所示为生物质间歇式加料流化床直接催化热解实验装置示意图。装置中的流化床主体的高为 40cm，直径为 3cm。电加热炉为热解提供所需要的热量。热解温度的控制是由温控装置、K 型热电偶以及调压器完成的。载气为氮气或热解气组分，载气先经预热器预热至 400℃ 左右，然后再进入流化床反应器。生物质每次以 6g 的进料量从流化床反应器上方批量添加。热解气体通过陶瓷过滤器能够将细小颗粒过滤掉，再进入冷凝系统，不冷凝气体经脱脂棉过滤器进行脱油，然后进入硅胶过滤器吸收没有冷凝的水分，用累积流量计和集气袋进行体积测量、收集。冷凝系统中有三级冷凝器，根据热解油组分不同的冷凝特性，将温度分别控制在不同的值上。

结束实验后，清理床料，收集热解炭并对其进行称重。冷凝器的洗涤要用到乙醇，清洗液放在烘箱里面，在 60℃ 下将乙醇烘出，得到蒸发后的残留物。总液体产物产量中有冷凝器收集的液体质量、洗涤液蒸发之后残余物质量、脱脂棉增重量、硅胶增重量。将床料放在 120℃ 的烘箱里面烘干到恒量，再放在 600℃ 的马弗炉内煅烧两个小时，煅烧之前和煅烧之后的质量差就是焦的产量。不冷凝气体经气相色谱仪分析其中各个组分的含量，然后根据测量的累计体积，得到气体产量。

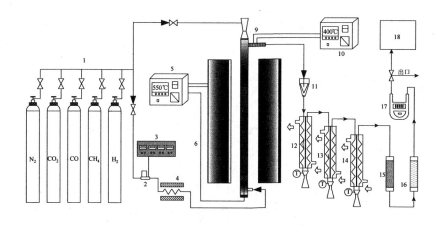

图 6-2 生物质间歇式加料流化床直接催化热解实验装置示意图

1. 气瓶组；2. 质量流量计；3. 质量流量计控制器；4. 流化气预热器；5、10. 温控装置；6. K 型热电偶；7. 加热炉；8. 流化床反应器；9. 加料口；11. 陶瓷过滤器；12、13、14.1#、2#、3#冷凝器；15. 脱脂棉过滤器；16. 硅胶过滤器；17. 累积流量计；18. 集气袋

（据肖睿、张会岩、沈德魁，生物质选择性热解制备液体染料与化学品，2015 年）

二、连续式加料流化床实验装置

如图 6-3 所示是连续式加料流化床实验装置示意图，其中反应器的内径为 5.08cm，用 316 不锈钢制作，处理量是 0.1kg/h。布风板由 300 目的 316 不锈钢丝网制成，从反应器的两级螺旋添加生物质，第一级螺旋进料器是用来定量的，第二级螺旋进料器高速转动是保证物料在短时间内加入反应器里，从而避免在加料口结焦。实验中采用 0.2L/min 的高纯氮气吹扫加料器，以免反应器中的气流反蹿到加料器中。流化气是流速为 1.2L/min 的高纯氮气，通过质量流量计精确控制气体流量。反应器出口有旋风分离器，是为了分离吹出的细小焦炭颗粒和催化剂。用冰水、干冰丙酮溶液两个冷凝单元来冷凝催化产物，在冷水中得到的主要为较大分子的多环芳香烃，干冰丙酮溶液的温度能够达到-55℃，可实现单环芳香烃的完全冷凝。不冷凝气体采用 GC-MS 定性，采用 GC-FID 和 GC-TCD 定量。

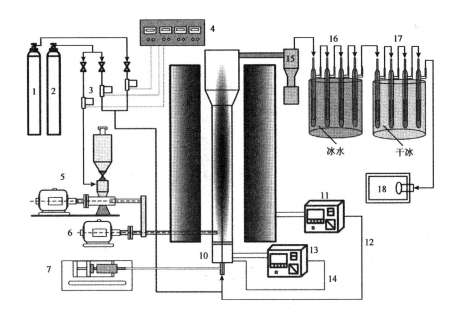

图 6-3　生物质连续式加料流化床直接催化热解实验装置示意图

1. 空气；2. 氮气；3. 质量流量计；4. 质量流量计控制器；5. 第一级螺旋进料器；6. 第二级螺旋进料器；7. 液相进样器；8. 加热炉；9. 流化床反应器；10. 流化气预热器；11、13. 温控装置；12、14. K 型热电偶；15. 旋风分离器；16. 冰水冷凝单元；17. 干冰丙酮溶液冷凝单元；18. 集气袋

（据肖睿、张会岩、沈德魁，生物质选择性热解制备液体染料与化学品，2015 年）

催化热解反应结束后，用乙醇洗涤冷凝器中收集的液体产物，用 GC-MS 进行定性分析，用 GC-FID 进行定量分析。每个实验工况进行的时间为半个小时，实验完成后，用 1.2L/min 的氮气吹扫半个小时。催化剂再生在 600℃ 和 0.8L/min 空气气再生尾气中主要有 CO_2、水、一小部分未转化的 CO。为了对反应生成的焦表面焦中的含碳量进行测量，先将尾气通入控制在 250℃ 的氧化铜床层中，把其中的 CO 氧化为 CO_2，然后将气体继续通入干燥器中使其吸收水分，再通入 CO_2 吸收器，该吸收有 $NaOH-Al_2O_3$ 固体颗粒床层。再生 1h 后，计算 CO_2 吸收器前后的差，便可以得到热解焦炭及催化剂表面焦的产率。

第三节　不同催化剂中的生物质热解反应

一、不同催化剂对产物产率分布的影响

这里主要研究在 HZSM-5、新鲜和一些失活 FCC 催化的作用下的产物产率分布。热解在 550℃ 的温度下进行反应，以玉米芯颗粒（粒径 1～2mm）为原料。如图 6-4 所示是玉米芯催化和非催化热解产物产率分布图。采用 FCC 催化剂或 HZSM-5 催化剂，油组分的产率比非催化工况下的产率低很多，焦及不冷凝气体的产率有所增加。在催化剂的作用下，生物质热解组分发生了一系列的催化脱氧反应，转化成烃类化合物，生成 CO、CO_2、水分、焦等副产物。油组分产率有所下降，不冷凝气体、水分、焦的产率有所增加。焦炭产率有所下降的原因是催化剂接触生物质焦炭颗粒时会降解形成焦炭的前驱物。如图 6-5 所示的是不冷凝气体中各个组分的产率分布。其中不冷凝气体的主要组分为 CO、CO_2，CO、CO_2 的总量在催化和非催化工况下均占热解产生气体质量的 80% 以上，其余主要是烷烃类气体、烯烃类气体。催化工况下，CO、CO_2 的产率显著增加。FCC 催化剂作用下的 CO_2 产率是最高的，HZSM-5 催化剂作用下，CO 的产率是最高的。

如图 6-6 所示是生物油在多级冷凝系统中的分布。在催化条件下实现油组分和水分的分离更加容易，3#冷凝器收集的液体中水分均占 80% 以上。1#冷凝器主要收集的是重油组分，催化剂的使用使轻油与水分增加，此外，催化剂的使用使重油组分大幅降低，原因在于：①被催化转化成目标产物；②在催化剂表面聚合转化成焦。我们需套抑制重油向焦的转化，进而提高向目标产物的转化。1#冷凝器中主要是重质油组分，3#冷凝器中的水分较多，直接使用它们均不容易。2#冷凝器中含水量相对来说少一些，而且大部分是小分子的低含氧有机化合物，因而，经简单处理后有时可直接使用。可以看出，HZSM-5 催化剂和 FCC 催化剂都能对生物质热解发挥出催化脱氧效果。结果表明，部分失活 FCC 催化剂下制备的含氧液体燃料产率是新鲜 FCC 催化剂下的 1.5 倍，结焦量只是后者的 50%。这一结果表明生物质催化热解催化剂需要有适当的酸性强度，内外酸位点的分布也有规律，由此，衍生出保持催化剂内部酸位点、失活外部酸位点的改性新方法。

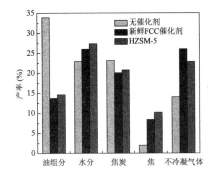 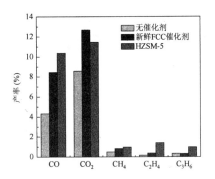

图 6-4　非催化和催化热解产物
产率分布

图 6-5　非催化和催化热解下
各气体组分产率分布

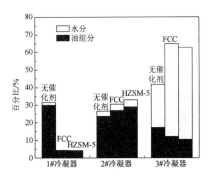

图 6-6　催化和非催化条件下生物油在多级冷凝系统中的分布

（据肖睿、张会岩、沈德魁，生物质选择性热解制备液体染料与化学品，2015 年）

二、催化剂和生物质比例对产物分布的影响

与生物质直接热解技术相比较而言，生物质催化热解技术可以让烯烃、芳香烃的产率与选择性得到明显提高，如前述对比分析所示，FCC 催化剂和 HZSM-5 催化剂均能对生物质热解产生显著影响，这里对催化剂和生物质比例影响进行分析。生物质热解蒸气中含有几百种不稳定的含氧有机物，相比于石油裂解，其催化转化要复杂得多。新鲜 FCC 催化剂的使用降低了液体产物中的氧含量，但是催化剂的酸位点和生物质热解蒸气的活性都较强，在转化的过程当中易于在催化剂表面结焦。在炼制石油时，部分失活 FCC 催化剂因表面含一些重金属元素和炭，对重油的催化裂化的活性不够，但是就含有大量活性基团的生物质热解蒸气而言，可能会适合，表面酸位点数量和强度的降低都能使催化剂的结焦有所降低。该实验采用

部分失活 FCC 催化剂研究生物质直接催化热解，还将这一催化效果和新鲜 FCC 催化剂作用下的效果进行比较，进而提出了催化剂的改性新方法。除此之外，催化剂和生物质的比例也会对生物质催化转化效果产生影响，该实验选取了 5%、10%、20%、30% 四个比值加以研究。

　　如图 6-7 所示是不同催化剂比例下新鲜和部分失活 FCC 催化剂催化下的液相产物产率。从图中可以看出，随着催化剂比例的增加，油相组分产率降低，水相组分升高。在相等的催化剂比例下，新鲜 FCC 催化剂的使用会使油相组分的产率大幅降低。如图 6-8 所示为不同比例新鲜和部分失活 FCC 催化剂作用下焦炭、焦、不冷凝气体的产率随着催化剂比例的变化规律。由图可知，催化剂的使用会在很大程度上增加不冷凝气体和焦的产率，焦炭的产率会下降。在相等的催化剂比例下，新鲜 FCC 催化剂的焦产率月为部分失活催化剂的 2 倍。表 6-1 所示为详细的气体产物产率，其中主要是 CO、CO_2，主要的不冷凝烃类化合物是乙烯、丙烯、丁烯等，其产率随催化剂比例的增大而增加。除此之外，由图 6-7 和图 6-8 可见，新鲜 FCC 催化剂是 10% 时产物变化出现拐点，部分失活 FCC 催化剂是 20% 时产物变化出现拐点，在此之前随着催化剂比例的增加焚化比较快，在此之后渐渐地愈来愈稳定，鲜明对这两个比例下的工况产物进行比较和分析。

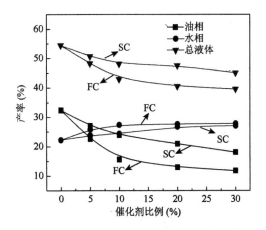

图 6-7　液体产物的产率随新鲜和部分失活 FCC
催化剂在床料中比例的变化关系

（据肖睿、张会岩、沈德魁，生物质选择性热解制备液体染料与化学品，2015 年）

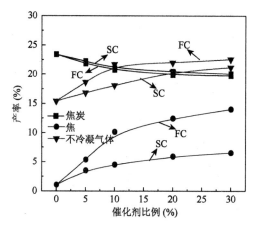

图 6-8 焦炭、焦和不冷凝气体产率随新鲜和部分失活 FCC
催化剂在床料中比例的变化关系

（据肖睿、张会岩、沈德魁，生物质选择性热解制备液体染料与化学品，2015 年）

表 6-1 不冷凝气体各组分的产率 （$wt\%$）

催化剂比例	CO	CO_2	CH_4	H_2	C_2H_4	C_2H_6	C_3H_6	C_3H_8	合计
无催化剂	5.26	9.2	0.56	0.03	0.21	0.05	0.16	0.03	15.5
5%FC	6.29	11.12	0.65	0.02	0.31	0.05	0.28	0.02	18.74
10%FC	8.04	12.08	0.84	0.05	0.38	0.08	0.32	0.05	21.84
20%FC	8.25	12.31	0.67	0.08	0.35	0.06	0.31	0.08	22.11
30%FC	8.99	11.81	0.75	0.12	0.41	0.09	0.42	0.11	22.7
5%FC	5.46	10.16	0.65	0.04	0.33	0.06	0.18	0.05	16.93
10%FC	6.24	10.04	0.87	0.04	0.36	0.06	0.52	0.06	18.19
20%FC	7.31	11.12	0.96	0.06	0.42	0.05	0.55	0.08	20.55
30%FC	7.91	11.28	0.67	0.07	0.53	0.08	0.61	0.15	21.3

生物质在不同活性催化剂作用下的催化热解过程可以用如下方程式表示：

$$生物质 \xrightarrow{快速热解} 活性较强的含氧有机蒸气+CO_2+CO+H_2O+烯烃+烷烃+焦炭 \tag{6-1}$$

$$活性较强的含氧有机蒸气 \xrightarrow{催化裂解} 中等活性含氧有机蒸气+芳香类化$$

合物+CO_2+CO+H_2O+烯烃+烷烃+焦　　　　　　　　　　　　　　　(6-2)

中等活性含氧有机蒸气 $\xrightarrow{\text{深度催化}}$ 芳香类化合物+CO_2+CO+H_2O+烯烃+
烷烃+焦　　　　　　　　　　　　　　　　　　　　　　　　　　(6-3)

如反应（6-1）所示，生物质首先热解转化为活性较强的含氧有机蒸气、焦炭、不冷凝气体。加入催化剂之后会继续发生反应（6-2）、反应（6-3），使热解产生的含氧有机蒸气转化为芳香烃、烯烃、含氧小分子（CO_2、CO 以及 H_2O）化合物和焦，就会导致油组分的产率降低很多，焦、不冷凝气体的产率则增加。新鲜 FCC 催化剂的酸位点多、强，这些酸位点易于将中等活性的含氧有机蒸气转化，发生反应（6-3）。但是这些强酸位点的存在会使得在反应（6-2）和（6-3）中，反应物易于聚合生成较多的焦。故在图 6-7、图 6-8 中，新鲜 FCC 催化剂的油产率要低于部分失活 FCC 催化剂的油产率，而焦产率则要高于部分失活 FCC 催化剂的焦产率。图 6-9 所示为 10%新鲜 FCC 催化剂和 20%部分失活 FCC 催化剂作用下的液体产物在多级冷凝器中的产率分布。在催化剂的作用下，第 1#冷凝器中收集的液体中水分含量为 5%~6%、第 2#冷凝器中收集的液体中水分含量为 10%~12%、第 3#冷凝器中收集的液体中水分含量为 79%~82%。在无催化实验中，1#冷凝器冷凝下来的液体（重油）占总收集液体量的比例为 36.6%，不过催化条件下只有 4%~5%。在催化实验中，2#冷凝器收集了大部分油组分。随着催化剂比例的不断增加，获得的液体的含氧量愈来愈减少，10%FC 和 20%SC 相比较而言，10%FC 催化剂的脱氧效果明显更佳，原因在于中等活性的含氧有机蒸气在 10%FC 作用下更易发生反应。油组分脱氧之后，相应的高位热值也由非催化工况下的 19.2MJ/kg 分别增至 10%FC 下的 34.2MJ/kg、20%SC 下的 32.7MJ/kg。

2#冷凝器收集的液体产物为酚类、酮类、呋喃类衍生物、烃类等主要的化学组分。酸类和酚类面积百分比随催化剂比例的增加而有所降低，而酮类、呋喃类衍生物、烃类化合物的面积百分比则是呈升高趋势。乙酸作为主要的酸类产物，其面积百分比会随催化剂比例的增加而有所降低。FCC 催化剂的使用能够降低含甲氧基官能团组分的面积百分比，而相应的单官能团组分的含量则会升高。含甲氧基的苯酚衍生物被认为是导致生物油不稳定聚合的主要成分，因而该部分化合物相对含量的降低在某种意义上说可以提高产物的稳定性。随着催化剂比例的不断增加，2（5H）-呋喃酮、2,5-二乙氧基四氢呋喃面积百分比渐渐地增加，2,3-二氢苯并呋喃的面积百分比渐渐地减少。烃类化合物主要为甲苯与二甲苯，随着催化剂比例的不断增加，其组分百分含量也渐渐地增加。这表明，生物质直接催化热解属于分步催化转化过程，在少量催化剂存在的环境下，首先是将生

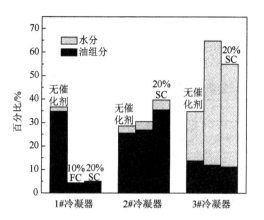

图 6-9　10%FC 和 20%SC 催化剂作用下液体产物在多级冷凝器中的分布

（据肖睿、张会岩、沈德魁，生物质选择性热解制备液体染料与化学品，2015 年）

物质热解蒸气催化转化成较为稳定的含氧液体燃料，如果催化剂的量足够多，会进一步催化转化直至生成不含氧的烃类化合物。

三、生物质在连续进料流化床中催化热解

催化剂和生物质的比例在催化热解反应中很重要，保持较高的催化剂和生物质比例，脱氧效率可有所提高。本部分在连续进料流化床反应器中研究生物质催化热解。

（一）反应温度的影响

从图 6-10 中可以看出反应温度对松木屑催化热解产物分布的影响。

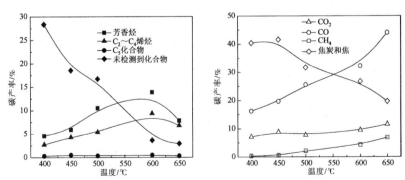

图 6-10　松木屑催化热解产物产率随温度的变化关系（质量空速，0.35h^{-1}）

（据肖睿、张会岩、沈德魁，生物质选择性热解制备液体染料与化学品，2015 年）

在 400~650℃ 内，烯烃与芳香烃的碳产率先增加后减小，在 600℃ 的时候达到最大值，此时的总化学品产率也是最大值。焦与焦炭、未检测到化合物的碳产率随着温度的增加而下降。CO 和 CH_4 的碳产率随温度的升高而增加。随着温度的升高，苯、萘的选择性升高，二甲苯、乙基苯的选择性降低。丙烯、丁烯的选择性降低，乙烯的选择性升高。首先，高温下乙基苯易于分解为苯、乙烯；其次，烷基化反应是放热反应，高温下苯和甲苯不容易烷基化为二甲苯，而是生成低碳烃类产物。

（二）质量空速的影响

从图 6-11 中可以看到质量空速对于松木催化热解碳产率的影响。质量空速（WHSV）定义是原料的加料速率除以催化剂的质量。芳香烃和烯烃的碳产率都在 WHSV = 0.35 h^{-1} 的时候达到最大值。CO 的碳产率在 WHSV = 0.60 h^{-1} 的时候达到最大值。CO_2、焦的碳产率随质量空速的增加而有所降低。较大的质量空运下，热解蒸气没有得到充分催化转化就被载气带出反应器，原因在于液相产物中含氧化合物的产率高。

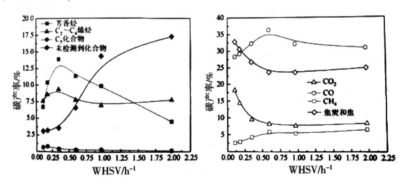

图 6-11　松木屑催化热解产物产率随质量空速的变化关系（反应温度，600℃）

（据肖睿、张会岩、沈德魁，生物质选择性热解制备液体染料与化学品，2015 年）

综上所述，热解温度是对生物质直接催化热解有重要影响的一项操作参数，在低温下会产生很多全氧有机物，在高温下会使芳香烃的产率在很大程度上降低。此外，生物质和催化剂的比例（质量空速）也会对产物分布产生一定的影响。生物质直接催化热解需要在一定的质量空速下进行，如果质量空速非常低，就很容易导致沸石催化剂的催化活性中间物——"烃池"的形成并不是非常稳定，因而会有很强的副反应，生成大量焦、CO_2；如果质量空速非常高的话，就会产生很多含氧有机物，这样一来就会造成催化拖延不完全的现象。实验表明，松木屑在 600℃ 下和 WHSV = 0.35 h⁻¹ 时会达到最好的效果：芳香烃、烯烃、C5 化合物等碳氢化合物的总产率达 23.7%，总的碳平衡向达到 96.4%，收集的液体中基本上不含氧化合物，实现了液相产物的完全脱氧。因而，在质量空速比较高的情况下可通过催化热解制备高价值的液体燃料，质量空速比较低的情况下可实现完全脱氧，富集几种碳氢化合物，有利于化学品的分离提纯制备。

第四节　有效氢碳比高的原料与生物质共催化热解

以简单且高效的方法把生物质转化为高价值液体燃料及化学品是广大学者一直以来探寻的目标。

一、共催化热解中碳和氢的转移特性

^{12}C 松木屑与 ^{13}C 甲醇的催化转化实验反应条件：反应温度为 450℃；^{12}C 松木屑的质量空速为 0.30 h⁻¹ 为 ^{13}C 甲醇的质量空速为 0.29 h⁻¹；混合后物料的有效氢碳比为 0.97；氦气流量为 1.2L/min；反应时间为 30min。

图 6-12 是芳香烃主要产物苯、甲苯、二甲苯、萘和 1-甲基萘中 ^{12}C 和 ^{13}C 同位素分布图。其中纯 ^{12}C 的质谱图用白色柱表示，纯 ^{13}C 的质谱图用灰色柱表示，实验得到化合物的质谱图用黑色柱表示。从图中能够看出，所有芳香烃产物都包含 ^{12}C、^{13}C，实验所得的苯中碳原子自由分布，而且 ^{12}C 与 ^{13}C 原子各占一半左右，但是在其他芳香烃产物中碳的分布具有倾向性，其中甲苯和二甲苯中的碳原子向高质荷比偏移。通常认为甲苯及二甲苯是苯甲基化的产物，苯中的碳均匀分布，这两种甲基化产物当中，碳的分布偏移向高质荷比，这就说明甲基化苯的甲基的来源主要是 ^{13}C 的甲醇。萘中碳分布向低质荷比偏移，这就表示从生物质形成萘的速率要高于从甲醇形成萘的速率。通常认为萘是苯与呋喃类化合物通过狄尔斯-阿尔德（Diels-Alder）反应、脱水反应、脱羧反应后所得到的产物，呋喃类是生物质热解的产物，因而萘中含有的 ^{12}C 原子数多于 ^{13}C 原子数。甲基萘的碳分布相对于萘而言向高质荷比偏移 1 个碳原子左右，这就表示萘甲基化的甲基的主要来源也是甲醇。

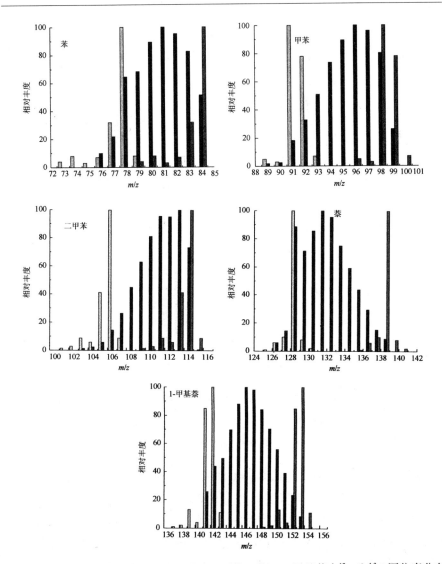

图 6-12 芳香烃主要组分：苯、甲苯、二甲苯、萘、1-甲基萘中^{12}C 和^{13}C 同位素分布

白色，纯^{12}C；灰色，纯^{13}C；黑色，共催化产物

（据肖睿、张会岩、沈德魁，生物质选择性热解制备液体染料与化学品，2015 年）

　　如图 6-13 所示为烯烃主要产物乙烯、丙烯以及丁烯中^{12}C 和^{13}C 同位素的分布图。由图可知，三种烯烃的质谱图都表现出了非常明显的倾向性：就乙烯来讲，考虑到重叠部分，从生物质生成的量高于从甲醇生成的量。但是丙烯与丁烯则表现出完全相反的趋势，这就表示丙烯与丁烯的主要来源是甲醇。

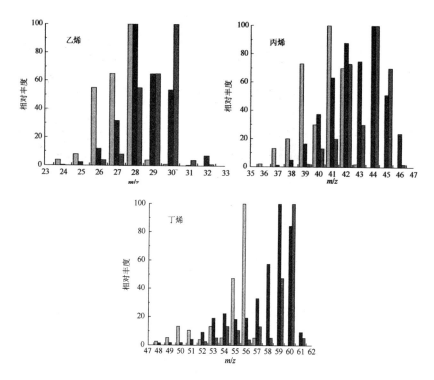

图 6-13　烯烃主要产物：乙烯、丙烯和丁烯中^{12}C 和^{13}C 同位素分布
白色，纯^{12}C；灰色，纯^{13}C；黑色，实验结果

（据肖睿、张会岩、沈德魁，生物质选择性热解制备液体染料与化学品，2015 年）

　　综上，低有效氢碳比（H/C_{eff} = 0）的^{12}C 生物质与高有效氢碳比（H/C_{eff} = 2）的^{12}C 甲醇共催化得到的烃类化合物中都含有^{12}C 及^{13}C 元素，而碳主要的存在形式为碳氢基团，因而，生物质及甲醇中的氢同样分布在各烃类化合物中。从该结果可以看出，生物质热解所得到的含氧有机分子和甲醇分子在沸石催化剂的"烃池"中，自身原有结构特性已经失去了，进行自由结合，故可实现氢的共用。

　　如图 6-14 所示为纤维素与甲醇共催化转化的反应途径。催化热解纤维素组分包括同性反应、异性反应，首先，纤维素受热降解发生同性反应，进而转化成一种液态中间体，接着后者转化成结构不同的半糖，然后半糖在碱金属、生成的有机酸或催化剂的作用之下会发生脱水重聚反应，生成呋喃类及醛类等含氧化合物。此外，甲醇在催化剂的作用之下会脱水形成二甲基醚，接着和生物质热解所产生的含氧化合物一起进入沸石催化剂的"烃池"，在这里，含氧化合物的幻化所需的氢源是由二甲醚提供的。

含氧化合物通过一系列脱水、脱羧、脱羰、聚合反应形成单环芳香烃类化合物、焦、烯烃。生成的单环芳香烃类化合物还可以继续和呋喃类等含氧化合物反应，生成多环芳香烃类化合物。

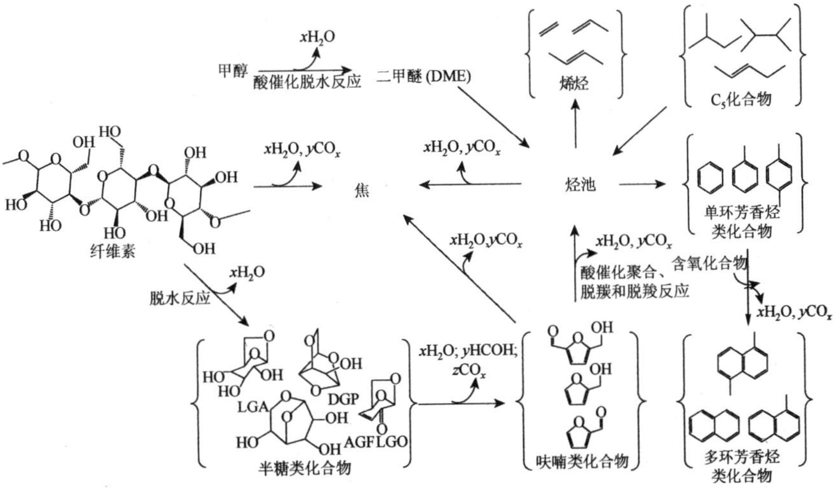

图 6-14　纤维素和甲醇共催化转化反应途径

（据肖睿、张会岩、沈德魁，生物质选择性热解制备液体染料与化学品，2015 年）

二、生物质和甲醇共催化转化

（一）有效氢碳比对生物质与甲醇共催化转化的影响

我们按照不同比例的松木屑、甲醇进行共催化转化研究，不同比例的两种原料混合可用混合物的有效氢碳比来表示。图 6-15 为 450℃下松木屑和甲醇共催化转化产物的产率随有效氢碳比的变化关系。随有效氢碳比的增加，化学品（烯烃+芳香烃+C_5 化合物）总产率曲线呈非线性上凸型增加趋势。这就表示，松木屑与甲醇共催化转化过程发生了相互耦合、协同促进作用。这一协同作用对芳香烃化合物的产率有很大影响。除此之外，随着有效氢碳比的增加，CO 与焦的产率曲线呈非线性下凹型降低趋势，CO_2 产率变化很小。如图 6-16 所示为芳香烃和烯烃中主要组分的选择性随有效氢碳比的变化关系。由图 6-16 可知，随着有效氢碳比的增加，二甲苯、丙烯、丁烯等价值较高的化学品的选择性显著增加，反之则会有所降低。

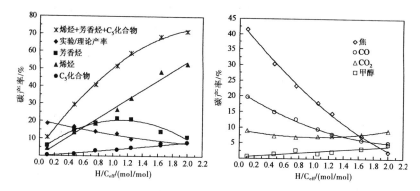

图 6-15　松木屑和甲醇共催化转化产物产率和有效氢碳比之间的变化关系

（据肖睿、张会岩、沈德魁，生物质选择性热解制备液体染料与化学品，2015 年）

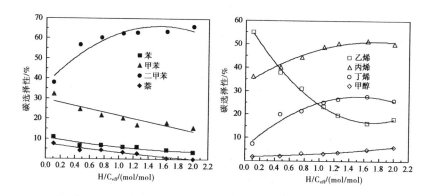

图 6-16　芳香烃和 $C_2 \sim C_4$ 烯烃的选择性随有效氢碳比的变化关系

（据肖睿、张会岩、沈德魁，生物质选择性热解制备液体染料与化学品，2015 年）

松木屑和甲醇共催化转化受总质量空速的影响，在有效氢碳比为 1.05、温度为 450℃的条件下进行。图 6-17 为共催化产物产率随着总质量空速变化的规律。在总质量空速较低的情况下，$C_2 \sim C_4$ 烯烃和焦的产率较高；在总质量空速较高的情况下，CO 和未检测到化合物的产率较高。总化学品的产率和其中芳香烃的产率随总质量空速的增加而先增加后降低。从图 6-18 中可以看出芳香烃和烯烃主要组分的选择性随着总质量空速的变化关系，随着总质量空速的增加，甲苯和丁烯的产率增加，而丙烯的产率降低。

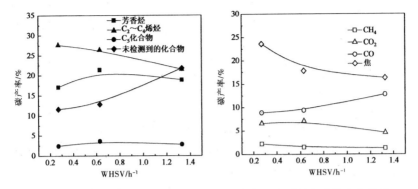

图 6-17　松木屑和甲醇共催化转化产物产率随总质量空速的变化关系

（据肖睿、张会岩、沈德魁，生物质选择性热解制备液体染料与化学品，2015 年）

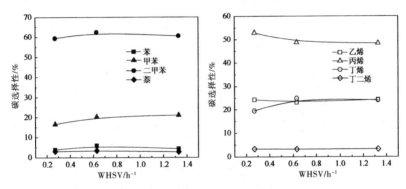

图 6-18　芳香烃和烯烃选择性随总质量空速的变化关系

（据肖睿、张会岩、沈德魁，生物质选择性热解制备液体染料与化学品，2015 年）

（二）不同温度下松木屑和甲醇共催化转化

图 6-19 为 450℃ 与 500℃ 时总化学品的实验产率、理论产率以及实验/理论产率随有效氢碳比的变化关系。理论产率曲线采用公式（6-4）~（6-7）计算获得，另外增加了松木屑的理论产率点。

$$C_xH_yO_z \longrightarrow aC_7H_8 + bCO + cH_2O \tag{6-4}$$

其中：

$$a = (x + 0.5y - z)/11 \tag{6-5}$$

$$b = (4x - 3.5y + 7z)/11 \tag{6-6}$$

$$c = (4z + 3.5y - 4x)/11 \tag{6-7}$$

它们的理论产率计算中的目标产物都选择了甲苯，松木屑与甲醇的理论产率的计算式为：

$$C_{3.8}H_{3.8}O_{2.7} \longrightarrow \frac{4}{11}C_7H_8 + \frac{13.8}{11}CO + \frac{15.9}{11}H_2O \qquad (6-8)$$

$$CH_4O \longrightarrow \frac{1}{7}C_7H_8 + H_2O + \frac{3}{7}H_2 \qquad (6-9)$$

$$CH_4O \longrightarrow \frac{1}{7}C_7H_8 + H_2O + \frac{3}{7}H_2 \qquad (6-10)$$

由上述公式可知，松木屑目标产物的理论产率大概为 67%，甲醇目标产物的理论产率为 100%。当有效氢碳比低于 0.25 的时候，低有效氢碳比的松木屑占比大，因为松木屑催化热解需在较高温度下进行，500℃的时候所产生的总化学品产率高于 450℃时的产率。当有效氢碳比高于 0.25 时，高有效氢碳比的甲醇占比大，因为甲醇催化转化需在较低温度下进行，所以 450℃产生的总化学品产率高于 500℃时的产率，随有效氢碳比的增加，差值愈来愈大。

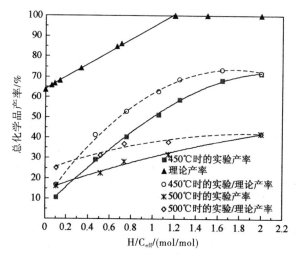

图6-19 不同温度下总化学品产率随有效氢碳比的变化关系

（据肖睿、张会岩、沈德魁，生物质选择性热解制备液体染料与化学品，2015 年）

综上，同一温度下，松木屑与甲醇共催化热解相比于松木屑和甲醇单纯催化热解，可使总化学品的产率增加。甲醇和松木屑的配比是 H/C_{eff} = 1.2 左右时是最经济的，若在此配比的基础再增加甲醇，实际上并不会明显增加目标产率。特别需要强调的一点是，因获得甲醇和松木屑催化转化的最大产率要求的温度差异巨大，在高温条件下甲醇易于转化成 CO、CO_2、CH_4、焦，低温下松木屑催化转化得到焦炭、大分子含氧组分，共催化反应仅能在两者相对较合适的温度下进行，所以共催化转化的目标产物的产率并不高，与它们在最佳温度下单独热解的叠加值相比更小。

三、生物质和不同醇类共催化热解比较

如图 6-20 所示的是松木屑与醇类单独催化转化、共催化转化的产率分布、单独催化产率的加权叠加值。该反应进行的温度条件是 450℃，共催化转化中松木屑与醇类的混合物的有效氢碳比为 1.25。单独催化产率的叠加值是将用于共催化转化的相同比例的松木屑和醇类进行单独催化转化。松木屑在 450℃ 的温度条件下催化热解，总化学品的产率为 10.7%，而甲醇、1-丙醇、1-丁醇、2-丁醇的总化学品产率分别为 71.1%、86.8%、86.3%、90.3%。在这四种醇类中，2-丁醇共催化转化总产率最高，而松木屑和甲醇共催化转化所得的总化学品产率最低。松木屑和甲醇共催化转化所得的总化学品的产率高于单独转化相应比例的松木屑和甲醇的产率，在四种醇类中增加量是最多的，表 6-2 为具体的产物产率及选择性。共催化转化松木屑和 1-丙醇、1-丁醇以及 2-丁醇产物的选择性差异不大，但是共催化转化松木屑与甲醇产物的选择性与这三种醇类差异却较大，特别是芳香烃化合物的选择性。共催化转化松木屑和甲醇所得的芳香烃中，苯的产率为 5.8%，甲苯的产率为 16.9%，二甲苯的产率为 62.9%，而共催化转化松木屑和其他醇类得到的这三种化合物的选择性范围分别是 10.4%~11.0%、38.6%~39.3%、39.2%~40.2%。究其原因，在于甲醇的催化热解过程相比于其他醇类所产生的甲基自由基更多一些，故更多的苯、甲苯分子被甲基化而转化成了二甲苯。

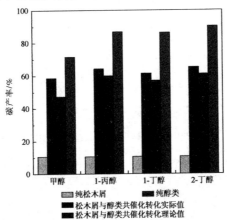

图 6-20　松木屑分别和甲醇、丙醇、1-丁醇、2-丁醇共催化转化产物的产率分布
有效氢碳比为 1.25，反应温度为 450℃

（据肖睿、张会岩、沈德魁，生物质选择性热解制备液体染料与化学品，2015 年）

表 6-2 松木屑和甲醇、1-丙醇、1-丁醇和 2-丁醇共催化热解产物产率（*wt%*）和选择性（*wt%*）

项目	松木屑	共催化醇类							
		甲醇		1-丙醇		1-丁醇		2-丁醇	
松木屑质量空速 WHSV/h^{-1}	0.35	0	0.20	0	0.24	0	0.30	0	0.29
醇类的质量空速 WHSV/h^{-1}	0	0.35	0.36	0.34	0.34	0.34	0.34	0.35	0.35
总质量空速 WHSV/h^{-1}	0.35	0.35	0.56	0.34	0.58	0.34	0.64	0.35	0.64
有效氢碳比 H/C_{eff}/（mol/mol）	0.11	2.00	1.25	2.00	1.34	2.00	1.27	2.00	1.31
总产率									
芳香烃	5.9	11.1	21.1	13.3	16.3	15.2	17.2	15.2	15.6
$C_2 \sim C_4$	4.3	52.6	32.9	66.2	43.3	60.7	38.4	67.2	44.6
C_5 化学品	0.5	7.8	4.7	7.3	4.5	10.4	5.9	7.9	5
总化学品	10.7	71.5	58.7	86.8	64.3	86.3	61.5	90.3	65.2
甲烷	0.6	4.5	2.1	0.2	0.4	0.2	0.4	0.2	0.4
CO_2	8.9	8.9	7.2	0.2	2.3	0.2	2.2	0.2	2.8
CO	19.7	5.1	7.7	0.4	6.5	1.1	6.9	0.5	7.6
焦	41.5	2.1	14.5	1.6	10.6	0.9	14.5	0.9	12.8
总炭平衡	81.4	92.1	90.2	89.2	84.1	88.7	85.5	92.1	88.8
理论产率	64.3	100	85.8	100	87.5	100	86.2	100	86.9
实验/理论产率	16.6	71.5	68.4	86.8	73.5	86.3	71.4	90.3	75
芳香烃选择性									
苯	10.8	3.3	5.8	11.8	11	12.4	10.6	12	10.4
甲苯	32.2	15.6	16.9	43.1	39.3	44.1	38.7	43.8	38.6

续表

项目	松木屑	共催化醇类						
		甲醇		1-丙醇		1-丁醇		2-丁醇
乙基苯	3.4	1.6	2.4	3.6	3.7	3.8	4.2	3.7	4.2
p-二甲苯和 *m*-二甲苯	33.2	56.5	53.6	31	32.8	30.2	34.2	30.5	34
O-二甲苯	4.8	9.5	9.3	7	6.4	6.5	6	6.7	6.2
苯并呋喃	4.3	0	0.6	0.1	0.5	0.1	0.5	0.1	0.4
茚	2.6	13.5	8.5	2.5	2.3	2.2	2.5	2.3	2.6
苯酚	1.1	0	0.2	0.2	0.5	0.1	0.2	0.2	0.5
萘	7.6	0	2.7	0.7	3.5	0.6	3.1	0.7	3.1
烯烃选择性								
乙烯	54.9	18	19.6	10.9	12.8	12.2	12.4	10	13.4
丙烯	36	50.2	50.3	55.7	54.5	52.7	53.8	53.8	51.5
丁烯	7.2	25.9	26.4	29.6	28.6	31.4	29.8	32.6	30.9
丁二烯	1.9	5.9	3.7	3.8	4.1	3.7	4	3.6	4.2

四、生物质和不同废塑料共催化热解比较

如图6-21（a）所示为不同种类塑料与松木屑共催化热解产物分布。这一组实验工况是：温度为600℃，原料中生物质与塑料的质量比为1∶1，加料速率为21g/h，催化剂为半失活FCC。实验的结果表明，PS与松木屑共催化热解产生的芳香烃最多而烯烃最少，究其原因，是因为PS的单体组成机构比较特殊，其中具有苯环结构的苯乙烯为芳香烃产生的主要来源，其中还含有相对分子质量高的芳香烃，这使焦的主要来源之一。因而，在PS与松木屑共催化热解过程当中，产率最大的是焦、焦炭。举例来说，PS与松木屑共催化热解所产生的多甲基萘较多，比PE和PP与松木屑共催化热解所产生的多甲基萘要大。如图6-21（b）所示，在松木屑与三种塑料共催化热解液体产物选择性的分析当中，苯的选择性可达50%，萘族产物、甲苯、单环苯类的选择性低一些。与PE、PP相比较而

言，PS 与松木屑共催化热解液态产物中苯和二甲苯的选择性最低。

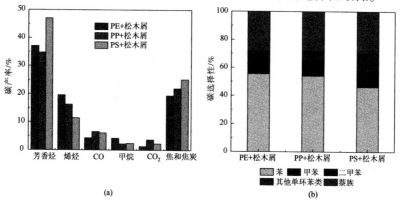

(a)

(b)

图 6-21　不同塑料对松木屑与废塑料共催化热解产物产率和选择性的影响

（据肖睿、张会岩、沈德魁，生物质选择性热解制备液体染料与化学品，2015 年）

第七章　生物质资源的高值化利用

生物质资源的高值化利用，不仅可以将废物资源进行转化，节约成本，还能起到清洁环境、保护资源的作用。因此，本章重点论述生物质废物资源在生产高附加值的基础化学品、生物基碳材料、生物塑料、生物质基药品与农药、生物染料与生物基涂料等方面的研究与应用。

第一节　高附加值的基础化学品

2004 年，美国国家可再生能源实验室和太平洋西北国家实验室完成了基于生物质来源的高附加值生物基化学品的筛选，并编制了报告"Top Value Added Chemicals from Biomass：Volume I—Results of Screening for Potential Candidates from Sugars and Synthesis Gas"。该报告从技术潜力与现状、对石油产品的替代性、成本等角度出发，使用反复验证的筛选方法从 300 多种候选化学品中初筛出了 30 种具有应用潜力的候选化学品。该方法以已有的石油化工化学品模型、化学品数据、已知的市场信息、化学品物性、化学品所具有的应用潜能，以及太平洋西北国家实验室和国家可再生能源实验室先前的研究和工业经验等为基础。初筛后，对这些选出的化学品及其衍生物的市场潜力、转化途径技术的复杂性进行探讨和研究，最终又从初筛出的 30 种化学品中确定了 12 种最具开发潜力的基础化学品。这些基础化学品可以进一步转化为高附加值的生糖基化学品和生物基材料。本节内容参考该报告及其翻译版《现代生物能源技术》，重点介绍生物基高值基础化学品的筛选、合成和转化。

一、基础化学品的筛选

筛选总体策略和具体步骤如图 7-1 所示。首先，参考美国能源部和国家实验室以往的报告以及各种工业和学术研究资料，收集 300 多种不同来源获得的基础化学品，并编制了 Access 数据库。数据库中包括这些化学品的化学名称、结构、生物质原料来源、生产工艺现状和前景、在大宗化学品/精细化学品/聚合物或食品/农业化学产品中的分类，以及相关文献和引用信息等。然后，基于原料价格、估算的加工成本、目前的市场容量与价格，以及与现在或将来的生物炼制过程的关联性，进行初筛。初筛后，对这些选出的化学品及其衍生物的市场潜力、转化途径技术的复杂性进行探讨和研究，最终又从初筛出的 30 种化学品中确定了 12 种最具开发潜力的基础化学品。

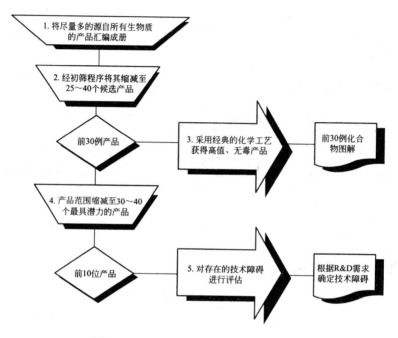

图 7-1　基础化学品筛选总体策略和步骤

（一）基础化学品初筛

石油化工化学品加工过程中，几乎全部产品都来源于 8~9 种基础化学品。借鉴传统石油化工产业上所使用的流程图的概念，进行生物质基础化学品的初筛。筛选方法建立在对化学品及其预期市场生产情况、潜在候选材料和性能估计以及科研和工业经验的基础之上，是一个反复验证的过程。

首先从 300 多种初始的化学品中筛选出了数量较少的化学品。第一轮筛选的标准包括每个候选基础化学品的原料和估算的加工成本、估算的销售价格、已有最好的加工技术、技术的复杂性、市场潜力等。

通过这一初筛获得了大约 50 种具有潜力的候选基础化学品。继续使用该筛选标准（可直接取代已有产品、新产品、基础中间体化学品），以碳的数目为分类架框（C1~C6），可把 50 种候选化学品进行分组。

接下来考察了候选化学品的化学功能性和应用前景。化学功能考虑的是候选化学品能够被化学或生物转化成的衍生物的数量。如果候选化学品的一个官能团能转化出若干衍生物，且该候选化学品含有多个这样的官能团，它就有生产出大量衍生物和新化合物的潜力。

此外，还考察了具有成为超级大宗化学品潜力的候选化学品。大宗化学品都来源于基础化学品或者石油炼制产品。虽然用生物质生产这些化合物是可能的，但巨额资金的投入和较低的市场竞争力是主要经济障碍，而克服这些障碍十分困难。

除去那些不符合筛选标准的化学品，上述筛选形成了一个约有 30 个基础化学品的候选目录。在这个目录中的化学品都是具有多种官能团、适合进一步转化为衍生物或是多分子家族的，可以由木质纤维素和淀粉制得，是一碳到六碳单体而不是从木质素衍生来的芳香族化合物，也不是已有的超级大宗化学品。值得注意的是，像乙酸和乙酸酐这样的二碳化合物被认为是潜力比较小的，而像丙酮这样已经产业化的石油副产物的三碳化合物也不考虑在内。另外，从合成气转化到氢、氨、甲醇、乙醇、乙醛和费托合成产物已经实现产业化。

（二）基础化学品复筛

经初筛后，对 30 种候选基础化学品及其衍生物的市场潜力、转化途径技术的复杂性进行探讨和研究。作为部分的筛选指标，对候选化学品的所有可能的转化路径进行了汇总和鉴别。共选择了 4 个标准来评价候选化学品：①木质纤维素和淀粉生物质在生物精炼中的策略匹配性；②作为替代已有化学品或作为新化合物的基础化学品及其衍生物的价值；③反应路径转化中每个环节的技术难度（糖转化为基础化学品和基础化学品转化为衍生物）；④基础化学品生成同族或同组衍生物的潜力。

基础化学品转化反应途径的数量和性质代表了其潜在价值。转化途径的分类包括：①现在的工业用途；②一个类似于已知技术的转化；③温和生产过程要求；④重要过程开发需求。与基础化合物不同，衍生物可被分为两类：一类是能被用作当前石化工业产品和生化药剂的替代品；另一类是能用于具有新型性能特征的新材料，这种性能能够产生新的应用或者产生新的市场格局。

每一个基础化学品候选者的评价都采用统一的标准。统计学分析中，12 个候选化学品高于平均值，3 个是平均值（乳酸、左旋葡聚糖和赖氨酸），其他低于平均值。最终确定了 12 种基于糖质原料的、最具开发潜力的基础化学品，包括 1,4-二羧酸（琥珀酸、延胡索酸和苹果酸）、2,5-呋喃二羧酸、3-羟基丙酸、天冬氨酸、葡萄糖二酸、谷氨酸、衣康酸、乙酰丙酸、3-羟基丁内酯、甘油、山梨糖醇及木糖醇/阿拉伯糖醇。

在某些情况下，上述分子由于有和它们的结构相关的潜在协同作用而被放在一起，如 1,4-二羧酸中的三种化学品、木糖醇和阿拉伯糖醇。这些分子或是异构体，或相互转化后可形成相同分子，或可以经一定路径后能得到同族化合物。

二、基础化学品的合成与转化

（一）天冬氨酸

天冬氨酸是一个四碳氨基酸，它在很多生物体中都是一个必不可少的部分。天冬氨酸的构型包括几种，迄今为止，最为普遍的构型当属 L-天冬氨酸，它主要用于生产天冬氨酰苯丙氨酸甲酯。

1. 天冬氨酸的合成

天冬氨酸的生产途径有四种，分别是：①化学合成；②从蛋白质中提取；③发酵；④酶催化。通常情况下酶催化途径是第一选择，由裂解酶催化氨和延胡索酸反应。这种方法的好处有产率高、产物浓度高、副产物不多、容易分离。

减少天冬氨酸成本的策略采取以下两种：一种是改进现有技术，目前主要是想办法减少天冬氨酸原料即延胡索酸的成本，可利用已有的投资和设备完成，影响天冬氨酸成本；另一种是开发和现有酶催化过程有竞争的直接发酵方法，如今直接发酵法在成本方面不存在任何优势，但是生物技术的不断创新使克服这一障碍成为可能。

天冬氨酸生产技术的提高包含两个技术方向：一个是高发酵产率；另一个是产品回收，使用糖碳源直接发酵的成本可能低于以延胡索酸和氨为原料的成本。

（1）产率。要想使资金和发酵成本减少，可以通过提高产率来实现。现在，已有的酶催化途径可满足天冬氨酸作为精细化学品的需求，若是大宗化学品的生产技术，还需要提高其产率。

（2）分离回收。这里，需要降低从发酵培养基中分离出天冬氨酸的成本。氨基延胡索酸通过酶催化的生产线路会升高产物浓度，并且有利于产物的分离。但是有一个不足之处就是，在此过程中，结晶成本较高。使用发酵技术由发酵培养基中分离出天冬氨酸可能有竞争优势。

（3）产品最终浓度。产品最终浓度为过程成本的一项重要因素。该部分的成本容易被忽略，但是如果产品最终浓度较高的话，则可有效降低产物分离和浓缩的成本。

（4）发酵培养基。如果采用的是低成本的发酵液营养成分，则可显著降低天冬氨酸生产的经济成本。

2. 天冬氨酸的转化与应用

选择性还原天冬氨酸能够生产诸如四氢呋喃、1,4-丁二醇以及 γ-丁内酯等这些应用广泛的化学物的类似物，这些生物基化学品会具有很强的市场竞争力。

在酸催化剂存在的情况下选择性脱水能够生成酸酐。如今，开发新型的无副反应的选择性脱水催化剂为使酸酐成本降低的关键所在。而且，合成聚天冬氨酸和聚天冬氨酸盐类型的可生物讲解专用聚合物可取代聚丙烯酸和聚羧酸，如今此途径未开发完全。

总的来说，今后会有一种发展趋势，就是利用基因工程手段和传统菌种改良技术改进天冬氨酸或延胡索酸发酵过程，并降低这一过程的成本。

（二）谷氨酸

1. 谷氨酸的合成

谷氨酸是一个五碳氨基酸，它有可能成为一种潜在的合成新型五碳聚合物的基础化学品。目前已有几种基于谷氨酸钠盐的发酵技术，将钠盐转化为游离酸。在今后，需要开发一个能够低成本生产谷氨酸游离酸的发酵技术，新技术须满足去除中和工段、大幅度降低纯化和将钠盐转化为游离酸成本等要求。

五碳的谷氨酸作为基础化学品的开发有着巨大的市场机遇，其面临的挑战主要是减少发酵成本。为了保持对石化产品的竞争力，发酵成本必须达到或低于 0.25 美元/lb。

目前，技术改进还包括改善发酵菌种的产率和最终的酸化过程等。

（1）产率。提高产率可以减少固定资金投入和发酵成本。为了具备作为大宗化学品的经济竞争力，产率至少应达到 2.8g/（L·h）的水平。

（2）发酵培养基。使用最低营养成分的发酵培养基对降低工业发酵成本非常重要。不能使用如酵母提取物和生物素之类的昂贵营养成分。如果可能，应只限于玉米浆或类似成分。

（3）产品最终浓度。最终的产品浓度对整个过程的成本影响很大。较高的产品浓度能够降低分离和浓缩的成本。

（4）pH 值。最好能在低 pH 值下进行发酵而不需要中和。中和成本可能不高，但将盐转化为游离酸会大幅增加成本。

2. 谷氨酸的转化和应用

通过加氢或还原反应，可将谷氨酸转化为二醇（1,5-丙二醇）、二酸（1,5-戊二酸）、氨基二醇（5-氨基-1-丁醇）等化合物，这些化合物可进一步合成聚酯和聚酰胺等材料。目前对选择性还原反应了解不够充分，特别是在水介质中的反应。这方面的技术难点是开发新的催化剂系统以获得高的产率、限制副反应（胺生成）。另一个挑战是开发发酵过程中不受杂质影响的催化剂，这自谷氨酸工业发酵产业化以来一直是一个重大的挑战，在开发早期应予以考虑。

（三）衣康酸

1. 衣康酸的合成

衣康酸是一种五元二羧酸化合物，像甲基琥珀酸一样可以合成很多大宗化学品和精细化学品。化学法合成衣康酸仍存在合成步骤多、成本较高等不足。目前，衣康酸主要通过真菌发酵产生，用于生产与丙烯酸或苯乙烯—丁二烯的共聚物。衣康酸作为大宗化学品的主要技正在通过研发新的选择性脱氢催化剂来提高产率。

2. 乙酰丙酸的转化和应用

乙酰丙酸已经成为很多化合物合成的起始原料，由乙酰丙酸合成的化合物种类很多，并在化工市场上占有重要的地位。例如，①乙酰丙酸转化得到的甲基四氢呋喃和各种乙酰丙酯作为汽油和生物柴油添加剂占有很大的燃料市场；②5-氨基乙酰丙酸是一种除草剂，每年的市场需求量为($2\sim 3$)$\times 10^8$lb，而每磅的售价为 2~3 美元；③氨基乙酰丙酸在生产过程中会产生一种中间体——乙酰丙烯酸，这种物质可以用于新型丙烯酸聚合物的合成，价格为每磅 1.3 美元，年生产量达到 23×10^8lb；④双酚酸尤其引人注目，它取代了聚碳酸酯合成中的双酚 A，聚碳酸酯每年产量大约为 40×10^8lb，每磅约 2.40 美元。

第二节　生物塑料的合成与使用

一、木质素基塑料

（一）木质素结构与性质

　　木质素在植物界中非常丰富，是第一种天然高聚物。木质素的年产量能达 1500×10^8 t。它广泛分布于含有维管束的羊齿娄植物以上的高等植物当中，而且是裸子植物和被子植物特有的化学组分。木质素偶尔也会在自然界中单独出现，与半纤维素都是细胞间质填充在细胞壁的微细纤维之间，就会让木化组织的细胞壁更为牢固，同时也存在于细胞渐层，使相邻的细胞黏结起来。

　　木质素的苯丙烷单位类型如图 7-2 所示，呈三维立体网愈创木基丙烷结构、紫丁香基丙烷结构、对羟苯基丙烷结构。此外，木质素侧链 α 或 γ 位存在对羟基肉桂酸、对羟基安息香酸、香草酸以及阿魏酸等酯型结构。

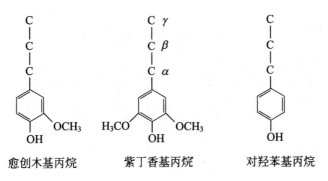

愈创木基丙烷　　　紫丁香基丙烷　　　对羟苯基丙烷

图 7-2　木质素的苯丙烷单位类型

　　木质素的结构中包含羟基等许多极性基团，形成了极强的分子内和分子间的氢键。天然木质素不溶于大部分溶剂，经衍生化处理后，溶解性能有所提高。木质素具有热塑性，但无明显的熔点，热稳定性较好。

　　在研究木质素的应用过程中具有重要作用的当属氧化、磺化、缩聚以及接枝共聚等反应性能。

（二）木质素基塑料

1. 木质素改性和衍生化

木质素经化学改性和衍生化后，明显提高了反应活性，能直接作为单体参与反应，用于合成聚氨酯和酚醛树等树脂。

木质素经化学改性后，含有酚羟基、羟甲基等活性基团，能部分替代苯酚及甲醛进行缩聚反应合成木质素基酚醛树脂。如今已有多种经工业类木质素合成酚醛树脂的方法，以如下几个为例：

（1）碱木质素合成酚醛树脂经甲基化、脱甲基化、碱性条件酚化3种途径来进行化学改性。其中，脱甲基化改性是将占据木质素芳环活性位置的甲氧基转化为酚羟基的反应。举个例子来说，利用硫化钠分解木质素的甲氧基，进而生成二甲硫醚，将其蒸去之后，剩下的就是脱甲基木质素，用于酚醛树脂的生产。碱性条件酚化改性是碱木质素在碱性高温条件下与苯酚发生的化学反应。采用该方法改性之后能制得性能良好的树脂。

（2）木质素磺酸盐在酸性高温下首先与苯酚反应，得到的产物再与甲醛发生反应合成酚醛树脂。酚化可使木质素的相对分子质量与甲氧基含量有所降低，使酚羟基含量有所增加，进而将毒性较高的苯酚所替代，实现环保与可持续性使用的目的。

（3）甘蔗渣中的木质素苯丙烷的结构中的羟甲基较多，可促进反应活性提高。在工业生产中为了更多地将苯酚取代，可进行甲基化反应，经过甲基化之后的甘蔗木质素能将50%的苯酚所替代，制得性能与水溶性接近的木质素基树脂。

木质素的醇羟基能够将部分二元醇与二异氰酸酯可用来合成聚氨酯。为了提高两相间的反应程度，可采用甲醛改性木质素，进行羟甲基化处理，这样便能提高木质素与二异氰酸酯之间的接枝反应效率；此外，还能够将木质素通过环氧丙烷进行羟丙基化改性，将酚羟基转化为脂肪族羟基，处理后的木质素在有机溶剂中的溶解能力会有所提高，可用聚醚乙二醇和聚丁烯乙二醇改性木质素。

2. 木质素接枝共聚物

能与木质素及其衍生物接枝共聚合成塑料的单体有丙烯腈、苯乙烯、甲基丙烯酸甲酯等。接枝之后，木质素的性能会有所改善，比如强度、耐热性以及模量等会更好。

以木质素磺酸盐为例，存在不同的接枝方法：化学接枝、生物化学接枝、电化学接枝。

（1）化学接枝。化学接枝还分为两种：一种是一步法，另一种是两步法。一步法是将木质素磺酸盐溶在水中，反应瓶中添加引发剂、还原剂以及不饱和单体，然后升温反应。一步法的优点为：反应速率高、生产效率高、工艺不复杂。一步法的缺点在于因不饱和单体的一次加入，单体部分自聚，少量与木质素的接枝反应无法得到高接枝化的产物。两步法首先将木质素磺酸盐溶在水里，并且添加还原剂进行搅拌，搅拌均匀并升温之后，把不饱和单体、过氧化物并流低价，使单体与木质素磺酸盐充分混合之后聚合。两步法的共聚物黏度低、反应好操作、可制备高周体含量的接枝共聚物，两步法的不足之处在于生产效率不高。

（2）生物化学接枝。这种方法把木质素磺酸盐溶于水中，在漆酶、木质素过氧化酶或者过氧化锰酶的作用下，在酸性条件下，将不饱和单体和叔丁基过氧化苯甲酰加入溶液进行接枝共聚。生物化学接枝方法的优点是接枝率高，缺点是时间比较长、生产效率比较低。

（3）电化学接枝。此方法是将木质素磺酸盐溶在水溶液或非水溶液里，在电极作用下发生接枝反应。接枝单体要有一种是能以自由基进行反应的烯烃或取代烯烃。电化学接枝的优点是反应条件温和而且效率高、环境友好。

3. 木质素共混塑料

通过共混，可改进塑料的冲击韧性、耐热性、成型加工性等性能。举例来说，通过有极性基团的聚合物与木质素共混，可使弹性模量有很大程度的提升。最近几年，木质素共混树脂已取得显著提升。

由于木质素有很多极性官能团，与非极性树脂的相容性较差，要添加相容剂才能共混。举例来说，聚乙烯/木质素共混，要加入乙烯/丙烯酸酯共聚物，可让木质素的加入量为30%。经改性后，复合材料模量可提高15%，热性能也提高，断裂伸长率可提高4%。再比如说，木质素与聚丙烯共混，一般会添加马来酸酐接枝聚丙烯，这样所得的共混物的力学性能就会优于无机填料。

木质素与极性树脂的相容性比较好，可不加入任何相容剂而直接混合。举例来说，聚氯乙烯/木质素共混，由于木质素的羧基、羟基等基团与聚氯乙烯中氢原子、氯原子产生强相互作用，便能够提高共混塑料的力学性能。而且，木质素的受阻酚结构可捕获自由基而终止链反应，使得PVC的热稳定性有所提高。然而木质素的添加会使共混塑料的抗冲击性能有所降低，需要提高增塑剂含量来补偿。除了和合成聚合物共混，还有一些与天然高分子的共混塑料的相关报道。举例来说，以通弄过羟丙基化处理的纤维素和有机溶剂木质素将嘧啶或者二氧乙烷作为溶剂，采用熔铸法与熔融挤出注射成型，在木质素含量低于 40% 时，制得复合多相材料，该材料具有单一玻璃化转变温度，其拉伸强度根据木质素含量的增加而有所增加；用 30%~40% 的木质素与大豆蛋白红混，以甘油为增塑剂，两个共混组分发生交联作用，使共混材料的拉伸强度和断裂伸长率有所提高，令水对于大豆蛋白的破坏作用有所降低。

二、其他生物塑料

（一）淀粉基塑料

1. 淀粉概述

淀粉是含有多羟基的天然高分子化合物，其广泛存在于植物的种子、果实、块茎及根中。在自然界中，淀粉储量丰富，全世界每年可产 $4600 \times 10^4 t$ 的淀粉，其中所占比例较大的为玉米淀粉，木薯、小麦、马铃薯淀粉等次之。淀粉具有完全生物降解能力，并不受环境的限制，降解产物包括水和二氧化碳，不会对土壤或者空气造成危害，因而人们非常重视将淀粉作为降解塑料的主要原料，该课题备受关注。

淀粉含两类：直链淀粉与支链淀粉，二者无论是结构还是性能都有很大的区别。

（1）直链淀粉（可溶性淀粉）。直链淀粉是脱水葡萄糖单元间经 $\alpha-1,4$-苷键连接而成的链状结构聚合物，聚合度在 100~6000 之间，相对分子质量是 3~16 万。直链淀粉的结晶性高，属于热塑性高分子材料，加热之后可熔化，可以采用热塑性方法加工，所以也叫作热塑性淀粉；不过因其脆性大，所以需要加入增塑剂进行改性，常用的增塑剂有乙二醇、甘油、甘油三乙酸酯及水等。

直链淀粉的特性为：①抗润胀性，水溶性比较差；②糊化温度较高，约 81℃；③膜性和强度很好；④近似纤维的性能，用直链淀粉制成的薄膜，透明度、柔韧性、抗张强度和水不溶性较好，可以应用于生产密封材料、包装材料以及耐水耐压材料。

（2）支链淀粉（胶淀粉或淀粉精）。支链淀粉是天然淀粉的两种主要高分子化合物之一。从结构上来讲，支链淀粉是一个具有树枝形分支结构的多糖。相对分子质量较大，一般由 1000~300000 个葡萄糖单位组成，相对分子质量约为 100 万，有些可达 600 万。D-吡喃葡萄糖单位通过 $\alpha-1,4$-苷键连接成一直链，该直链上通过 $\alpha-1,6$-苷键形成侧链，在侧链上又会出现另一个分支侧链。主链中每隔 6~9 个葡萄糖残基就有一个分支，每一个支链平均含有 15~18 个葡萄糖残基，平均每 24~30 个葡萄糖残基中就有一个非还原端基。支链淀粉属于热固性高分子材料，不能通过热塑性方法加工。

直链淀粉与支链淀粉的性质之间具有很大的不同，主要表现为支链淀粉的黏着性能较好而成膜性差，直链淀粉的黏着性非常差而容易结成半固体的凝胶体，然而其乙酰衍生物制成的薄膜坚韧、有弹性。在天然淀粉中，直链淀粉含量高的品种更适用于制备生物塑料，制品的力学性能较好。天然淀粉由于湿强度低、塑化性差、尺寸稳定性差、耐水性差、不同淀粉的物性差别大等特点，纯淀粉难以直接加工成塑料制品，需要改性，使其具备热塑加工性能，并且强度得到改善。

2. 淀粉基塑料分类

现在，用淀粉做出的塑料主要包括两大类：一类是全淀粉塑料；另一类是淀粉复合塑料。

（1）全淀粉塑料。全淀粉也被叫作塑化淀粉、热塑性淀粉、改性淀粉等，是用 90% 以上淀粉加入适量的添加剂进行改性，使其具有热塑性能。热塑性淀粉有热塑性，能进行热塑加工，还能迅速、完全地降解在自然环境中，在生物降解塑料行业中备受关注。

天然淀粉的分子结构中存在大量羟基，在分子之间形成氢键，形成微晶结构完整的颗粒，其结晶度比较大。高结晶的淀粉熔点要高于其热分解温度，在熔融前就已经分解了，因而不具有热塑性，不能用热塑性塑料加工设备成型。因而，需要破坏其结晶度，让分子结构变得无序化，降低氢键的作用力，进行塑化改性，使其熔点低于分解温度，具有热塑性能。对天然淀粉进行改性的方法主要分为两大类：一类是化学改性；另一类是物理改性。

1）化学改性。利用淀粉中含有的活性可反应羟基，可以进行各类化学反应来改性。常见的化学改性有：①氧化；②酯化；③醚化；④交联；⑤接枝。

2）物理改性。所谓物理改性，即在热、剪切力、适当增塑剂的作用下将淀粉原有球晶结构破坏，进而实现从晶态转变为无定形态，最终形成热塑性淀粉。在此过程中，通常会用到多元醇类作为增塑剂。增塑剂能够渗透到淀粉分子内部，使氢键的作用力减弱，使淀粉的结晶度降低，使淀粉软化，有利于加工。

如今，比较典型的热塑淀粉制品就是薄膜，薄膜具有透明、柔软、无毒等特点。德国采用培养的青豌豆高直链淀粉加工的薄膜与 PVC 软质薄膜类似，具有透明、柔软的特点。价格上，全降解热塑性淀粉比 PLA 等有优势，可以说有很大的发展空间，不过全降解热塑性淀粉有些方面存在劣势：易吸湿、耐潮湿性差、稳定性差等。

（2）淀粉复合塑料。淀粉复合塑料是将原生淀粉或改性淀粉与树脂复合，这样一来，淀粉便具有可塑化性能和一定强度，非常实用。根据和淀粉复合的树脂是否具有生物降解性能，可把淀粉复合材料分为两类：一类是淀粉/降解树脂复合材料，另一类是淀粉/非降解树脂复合材料。

1）淀粉/降解树脂复合塑料。淀粉与聚丁二酸丁二酯（PBS）、聚己内酯（PCL）、聚乳酸（PLA）、聚乙烯醇（PVA）以及聚羟基脂肪酸酯（PHA）等合成降解树脂，同蛋白质、纤维素、壳聚糖以及木质素等天然高分子均能共混复合，性能能满足市场的需要，是现在主要推广的一个共混改性方向。

在淀粉中添加 PVA 可提高淀粉的力学性能，共混物中 PVA 的含量增加，拉伸强度和断裂伸长率增加，则吸水率有所增大。淀粉/PVA 的共混工艺是淀粉糊化—共混合—交联，糊化可将淀粉颗粒的原有形态结构打破，促进与 PVA 的相容性。典型配方为：淀粉 60%、甘油（增塑剂）14%、PVA 20%、增强剂 3%、尿素（耐水剂）3%。

2）淀粉/非降解树脂复合塑料。淀粉与非降解树脂如聚氯乙烯、聚乙烯、聚丙烯、聚苯乙烯以及聚碳酸酯等共混复合，复合产品的力学性能比较好，价格低于普通塑料和淀粉/降解树脂的复合产品。当然，淀粉/非降解树脂复合塑料也存在缺点，即产品不能充分降解，最后土壤中会残留残片。因而，如何提高复合产品种的淀粉含量为关键所在，有报道称，已有淀粉含量 50% 的聚乙烯投产，主要用于各类包装材料的生产；有含有 70% 淀粉的聚丙烯投产，主要用于餐具制品等的注射加工。

（二）生物尼龙

聚酰胺（polyamide，PA）塑料俗称尼龙。最先开始开发并将其用于纤维的是美国杜邦公司，20 世纪 30 年代末，该公司实现了工业化。20 世纪 50 年代起开发和生产注塑制品来取代金属，降低成本。聚酰胺可通过二元胺和二元酸制得，还可通过 w-氨基酸或环内酰胺制得。由二元胺和二元酸或氨基酸中含有的碳原子数不同，可制得多种不同的聚酰胺。

PA 综合性能良好，摩擦系数低，具有阻燃性，加工简单，应用范围广。PA 塑料制品主要是用于汽车、机械、电子、包装、电气以及日用等领域。比如，在汽车行业，PA 塑料制品主要用于发动机部件、车体部件、电子配件以及输油件等，具体产品包括输油管、汽车外板以及储油罐等；在机械行业，PA 塑料制品主要用于制造齿轮、螺母、螺栓等；在纺织行业，PA 纤维应用广泛，在混纺织物中加入微量聚酰胺纤维，就能够使其耐磨性得到很大程度的提高。

生物尼龙的品种的共同特征，即其中的癸二酸由生物质材料蓖麻油裂解制成。此外，生物尼龙还可以利用由植物中提取的氨基酸制得。这里主要介绍蓖麻油裂解制癸二酸工艺过程和典型生物塑料 PA610 的合成、性能以及成型加工。

1. 癸二酸合成

合成癸二酸的原料包括蓖麻油、丁二烯、己二酸单脂、米糠醛乙酰丙酸等，其中，癸二酸作为生物尼龙的原料是由蓖麻油提炼而成的。蓖麻油的主要成分为蓖麻酸甘油酯，用 NaOH 将蓖麻油皂化获得蓖麻酸（顺式-12-羟基十八碳烯-9-酸）和甘油，接着将甲酚作为溶剂，蓖麻油酸与 NaOH 发生反应，热碱裂解，再经过中和、酸化之后获得癸二酸。我国基本上都采用此工艺路线进行生产，具体化学反应式如下：

（1）水解反应。

$$R^1COOCH_2-(R^2COO)CH-CH_2OOCR^3+3H_2O \longrightarrow$$
$$R^1COOH+R^2COOH+R^3COOH+C_3H_5(OH)_3$$

其中，混合脂肪酸中以蓖麻油酸为主，占 85% 左右。

（2）裂解反应。

$$CH_3(CH_2)_5CHOHCH_2CH=CH(CH_2)_7COOH+NaOH \longrightarrow$$
$$NaOOC(CH_2)_8COONa+CH_3(CH_2)_5CHOHCH_3(甲酚、常压、260\sim280℃)$$

（3）中和反应。

$$2NaOOC(CH_2)_8COONa+H_2SO_4 \longrightarrow 2NaOOC(CH_2)_8COOH+Na_2SO_4(pH=6\sim7)$$

（4）酸化反应。

$$2NaOOC(CH_2)_8COOH+H_2SO_4 \longrightarrow 2HOOC(CH_2)_8COOH+Na_2SO_4(pH=2\sim8)$$

2. 尼龙 610 合成

癸二酸和己二胺进行缩聚反应可得尼龙 610。工业上为了让癸二酸和己二胺以等摩尔比进行反应，通常会首先制得尼龙 610 盐，再进行缩聚反应。脱水的同时生成酰胺键，形成线型高分子，其反应速率实际上是由体系内水的扩散速率所决定的，尼龙 610 制备工艺的重点环节就是在短时间内高效率地把水排出反应体系。上述缩聚过程可以连续进行，还可以间歇进行，工业上生产 PA610 通常采用间歇进行的方式。具体地，在氮气保护下，癸二酸和己二胺进入聚合釜，添加分子量调节剂等，加热至 230~260℃、1.2~1.8MPa，然后降压，按照要求产品的品级调整温度、时间、压力，再在氮气压力下卸料。整个过程大概花费 6~8 小时。溶体通过挤压机铸带，在水浴中冷却和切粒后得到成品。间歇法的生产过程可以说是柔性的，调整添加剂、反应时间、压力、温度，可生产出不同品级的产品。

3. 性能与加工

PA610 是半透明或乳白色结晶型热塑性聚合物，性能介于 PA6 与 PA66 之间，力学性能好，韧性比较好，相对密度小，吸水性小，耐强碱、耐弱酸性较好，溶于酚类和甲酸。性能参数：吸水性为 1.8%~2.0%、热变形温度为 82℃、熔融温度为 220℃、拉伸强度为 60MPa、拉伸模量为 2400MPa、屈服应力为 65MPa、弯曲强度为 90MPa。

就现在的情况来看，PA610 的应用与 PA6 及 PA66 比较类似。比如说，在交通运输行业、机械行业，PA610 主要用于套筒、套圈以及轴承保持架等；在电子电气行业，PA610 可以用作制造工业生产电绝缘产品、电线电缆包覆料、仪表外壳等；在汽车制造行业，可以用作转向盘、操纵杆、法兰的制造，不过相比于 PA6 及 PA66，PA610 更适合尺寸稳定性要求严格的制品制造。

第三节　生物基碳材料

碳材料是一种非常重要的功能材料和结构材料，它的优点为：化学惰性良好、电导率高、热导率高、耐热性能良好等，被广泛应用于多个领域，如机械、电子航空、化工、冶金等。像是农林业生物质和水生植物等物质资料中含有丰富的 C 元素，都可以成为制备各种碳材料的原材料。从碳材料的产生开始，研究者们就开始着重关注以可再生的物质资料为原料制备各种碳材料，这样使碳材料的生产成本降低，从而实现碳材料的可持续发展。

一、活性炭材料

活性炭材料具备丰富的孔隙结构，比表面积大，优点在于方便再生、较高的力学强度、有较强的吸附能力、良好的化学稳定性。随着社会发展及人民生活水平的提高，活性炭材料的需求量呈逐年上升的趋势，尤其是近些年来随着环境保护要求的提升，国内外活性肽的需求数量呈持续增长的趋势。

（一）生物基活性炭的合成

生物质资源，如棉秆、稻壳、秸秆、玉米芯、竹刨花、椰壳和核桃壳以及造纸工业产生的废弃纸浆等，都可以用来制造活性炭材料。生物基活性炭的合成工艺有很多，不过原理都是一样的，就是将各种生物质原料通过炭化及活化制成活性炭。

1. 炭化

炭化即加热有机物质，脱除这些非 C 元素，进而制造出适合之后进行活化的碳质材料的操作。通常情况下，炭化温度低于 1000℃，炭化过程可以分成三个阶段，具体如下。

第一阶段（室温~400℃）：发生脱水、脱酸等一次分解，不过—O—键残留不分解。

第二阶段（400~700℃）：因氧键的断裂，O 以 H_2O、CO、CO_2 等形式脱除，原料中的挥发分渐渐地有所减少，到 700℃ 时基本上变成零。

第三阶段（700~1000℃）：这一阶段称为脱氢反应，芳香族核间的键大量形成，可进一步看到因芳香族核的融合而形成的二维平面结构，而且芳香族核通过—CH_2—键形成三维立体结构，自此形成了一种聚合芳香环平面状分子交联的结构。

因在炭化过程中的表现不同，所以可以将碳质材料分成两种类型："焦炭型"和"木炭型"。焦炭型原料炭化的时候，在 350~500℃ 条件下发生熔融，而木炭型原料则不发生熔融。本书所涉及的生物质资源基本都属于在木炭型原料，炭化装置主要采用固定床活化炉、流动炉等。

2. 活化

（1）水蒸气物理活化法。因水蒸气物理活化法具有操作不复杂，生产成本也不高的优点，所以这种方法常常用来制备活性炭。水蒸气物理活化即利用水蒸气在高温条件下和 C 发生的氧化还原反应，活化温度一般为 800~1000℃。C 和水蒸气的反应机制如下：

$$C^* + H_2O \longrightarrow C\,(H_2O)$$
$$C\,(H_2O) \longrightarrow H_2 + C\,(O)$$
$$C\,(O) \longrightarrow CO$$

C^* 表示位于活性点上的碳原子，（ ）表示化学吸附状态。

（2）化学活化法。指把化学试剂加入碳质材料中，然后在惰性气体介质中加热，同时进行炭化与活化的办法。通常采用木质素含量较高的生物质原料。虽然有许多种化学试剂都曾用于碳的活化研究中，但在工业上，主要使用的是 $ZnCl_2$、H_3PO_4 和 K_2S 三种。

除了物理法和化学法之外，还有催化活化法、化学物理活化法。其中，化学物理活化法，即把原料先用化学药品浸渍，再进行加热处理，在加热的时候，通入适量的活化气体，这是一项把化学活化法和物理活化法结合起来的工艺；催化活化法，是依据生产活性炭的碳材料的各自特点，在活性炭生产过程中加入对应的催化剂，活化时 CO_2、催化碳和水蒸气等活化介质发生氧化反应，制备具有高吸附性能或者特殊孔隙结构的活性炭产品。

3. 后处理

一些常见的去杂质的方法和策略包括：①活化时加过催化剂如 K_2CO_3 的活性炭常用作酸洗或者用水洗后处理，来减少 K、Na 化合物等的含量；②低灰分活性炭可以用 HCl、水或者 HNO_3 洗涤，清除部分杂质；③用于精细化学品、催化剂、催化剂载体、药物的活性炭，需特殊充分洗涤；④用 800℃ 水蒸气活化的活性炭，再在 500～600℃、碱存在下进一步空气活化，可提高脱色力；⑤活性炭经亚硝气，尤其是 NO_2 后氧化可形成新增表面氧化物，比通常的再活化效果更好；⑥降低活性炭的硫含量可利用水蒸气和 H 的作用；⑦降低活性炭的 Fe 含量可趁热用 Cl 或氯化物的气体或 CO 处理，将 Fe 转变为挥发性化合物。

（二）生物基活性炭的应用

活性炭广泛应用于多个领域。这里着重对活性炭在环境治理中的应用介绍一下，特别是在空气污染治理和水处理上的应用。

1. 空气污染治理

人们对环境越来越重视，对活性炭的需求量也就越来越大，因为活性炭能对环境保护起一定的积极作用。废气与活性炭相接触，其中的污染物被吸附，使污染物质与气体混合物分离，起到净化的效果。用于气体吸附的活性炭一般是颗粒状，细孔结构较发达，具有特别强的吸附能力。活性炭吸附流程种类有三种：①间歇式流程；②半连续式流程；③连续式流程。

通过活性炭吸附法可以除去不同样式的污染物，例如 NO_x、SO_2、二甲苯、乙醇、Cl、CCl_4、CS_2、苯、乙醚、乙酯、甲苯、H_2S、乙酸、甲醛、恶臭物质、苯乙烯、煤油、汽油、丙酮、光气等。其中，浸渍活性炭可以去除酸雾、硫醇、胺、NH_3、烯烃、碱雾、HF、Hg、CO、SO_2、H_2S、Cl、HCl 以及二恶英等。

用活性炭吸附气体中污染物，需要注意的是：一要避免高温，因为吸附量会随着温度的上升而相对下降；二要避开高含尘量，由于焦油类尘雾会让活性炭细孔堵塞，降低吸附的效果，所以应该采取过滤等预处理。

例如，治理含三苯（苯、甲苯、二甲苯）废气，这些废气一般出现的领域有制鞋、涂料和印刷等。如一个年产 200 万双运动鞋厂需用胶黏剂 40t。现在胶黏剂通常用"三苯"作为溶剂或稀释剂。国内的催化燃烧法、吸附法发展较为成熟。催化燃烧法净化率较高，但是能处理的能力范围低，适合小风量高浓度的废气净化。对于大风量低浓度的废气，运用催化燃烧法，设备负荷重，能量消耗巨大，催化剂损失较大，而且溶剂不能回收。

活性炭吸附法适用于污染严重的中小型制鞋厂，这种方法不仅操作简单，而且净化率高达 95% 以上，用这种方法可以有效地控制污染源，并且溶剂是可回收的，又经济又高效。

2. 水处理

活性炭用于水处理能够去除无机污染物、有机污染物，溶解的有机物通常可以去除 90% 以上。

例如，对于含重金属 Hg 的废水，先把椰壳活性炭吸附聚胺与 CS_2 进行反应，取适量的活性炭装入塔中，再用循环泵缓慢灌进含 10% Hg 的水溶液当中，以活性炭体积 5 倍容量/h 的速度进行，等到 10 的小时之后，活性炭对 Hg 的吸附量变为 0.6mol/L，废水中的 Hg 浓度就会达标排放。对于低浓度的含 Hg 废水，我国水银温度计工厂通常采用粉状活性炭来处理，吸附之后将饱和炭进行加热升华、冷凝回收 Hg。

活性炭吸附水溶液中的二价汞与 pH 值有关。pH 值低的话，吸附值就会增大，此原理适合用于酸性范围吸附金属 Hg，可以打个比方，当 pH 值从 9 降到酸性之后，Hg 去除率能够提高到 2 倍以上。另外，去汞效率的成败还和活化工艺、活性炭性质以及添加剂等因素有相关性。例如，用木材或椰子壳作为原料，经过 $ZnCl_2$ 法活化的活性炭高于水蒸气法活化的去汞量，而且水蒸气法需要在 pH 值小于 5 条件下操作，而 $ZnCl_2$ 法在 pH 值大于 5 时的去汞量依然是比较高的。

活性炭对有机污染物有着显著的脱除效果，例如非离子农药、有机氯、酚类、阴离子洗涤剂、有机磷以及多环芳香烃等。

（三）活性炭的再生

活性炭在运用的过程中有一些明显的缺点，它难以避免的成本高、用量大，费用占达运行成本的 30%~45%。使用之后的活性炭未经处理就直接废弃，这种情况不仅造成了材料的浪费，还面临成本高、二次污染的问题。所以，活性炭的再生意义不言而喻。从当前来看，国内外活性炭再生是主要方式包括热再生法、超临界流体再生法、湿式氧化法、溶剂再生法、生物再生法、电化学再生法等。

1. 热再生法

目前，应用范围最广、技术上最为成熟的活性炭再生方法就是热再生法。热再生法用两种方式实现活性炭的再生，一种是使吸附质脱附法，这种方法常在低温下运行，所以也称作低温加热再生法，这种方式是经过加热方式让活性炭和吸附质分子之间的作用力减弱乃至消失，以消除可逆吸附质。二是用热分解反应破坏吸附质的结构来去除吸附质，这种方式通常在高温下进行，也称作高温再生。传统热再生方法通常在电炉里进行，采用的介质一般为 CO_2、水蒸气等，温度通常是 $300 \sim 900℃$。电炉热再生的效率高、对所有吸附质适用，但再生后会产生机械强度下降、炭的损失量大、比表面积减小等缺陷，而且热再生所需设备复杂，运转费用较高，不适用于小型化。

2. 超临界流体再生法

20世纪70年代末，超临界流体萃取法再生活性炭的技术逐渐萌芽。以 CO_2 举例说明，因超临界 CO_2 有着传质速率高、黏度小、对有机物的溶解度大、扩散性能好等特别的优势，有利于渗透进入活性炭的微孔体系，用这种方式来活化微孔。用超临界 CO_2 当作萃取剂，用氯酚当做模型化合物，45min 的再生效果能够达到 92%，并且超临界 CO_2 对活性炭表面具有活化作用，这是一种比较理想的方法。

3. 溶剂再生法

溶剂再生法用苯、甲醇、丙酮等有机溶剂或者酸、碱等无机试剂处理活性炭，对吸附质进行化学反应、替换或者萃取，达到吸附质的强离子化，形成盐类或者因为萃取作用而达到解吸。通常情况下，这种方法会用于有价值产品的回收，比较环保。采用这种再生方式活性炭损耗较小，缺点是不够彻底，微孔容易堵塞，多次再生之后吸附性能明显下滑。而且溶剂再生的通用性较低，通常一种溶剂只能脱附某类污染物。

4. 电化学再生法

电化学再生指的是将使用后的活性炭放入电解槽阳极室，进行溶液的电解。一方面用电泳力让炭表面有机物脱附，另一方面让电解产物（如 Cl_2、新生态氧、$HClO_2$ 等）氧化分解吸附物或者生成絮状物。电化学再生方法的影响因素主要有：活性炭所处的电极、所用辅助电解质的种类、电化学再生电流的大小、辅助电解质的含量以及再生时间等。尽管这种方法具有能耗低、炭损少、效率高等优势，但是活性炭再生的均一性、经济性、电效率、活性炭本身氧化、不同吸附质的处理等还未研究透彻。这种方法一般用于化学吸附用活性炭的再生处理。

5. 活性炭湿式氧化法

这种方法指在高温、中压条件下，把吸附已经达到饱和的活性炭直接选择氧化去除其中所吸附的有机物质，来实现活性炭再生。这种方式一开始是由美国 Zimprom 公司研制成功并投入使用的，主要运用于粉状活性炭。活性炭再生条件一般是 $200 \sim 250 \text{℃}$、$40 \sim 70 \text{atm}$，氧化时间是 60min，再生效率则由吸附质的种类、再生条件不一样而发生区别。湿式氧化法可以完全利用实效炭本身氧化热来持续反应系统温度，排出废气当中不含有 N、S 的氧化物，减少二次污染。但也有不足之处，例如设备要求高、需选用催化剂、氧化液和活性炭再生后吸附性能力显著下降、废气需要进一步处理等。

6. O_3 氧化再生法

该办法是用 O_3 作为氧化剂把依附在活性炭上的有机物氧化分解出来，从而实现活性炭的再生。在这一工艺中，把放电反应器中间当作活性炭吸附床，废水经过床层，有机物就会被吸附，吸得饱和之后，炭床外边的放电反应器就会以空气流制造 O_3，随冲洗水把 O_3 带入活性炭床层来再生，这种方式处理对象广泛、反应时间短且再生成果稳定，但还是存在一些不足有待解决，如对设备要求严格、运行及维护费用高等。

7. 生物再生法

活性炭在吸附有机物的时候，细孔中会有微生物的繁衍与生长。生物再生法即是用活性炭作为微生物的载体氧化分解饱和炭上的有机物，与污水的生物处理类似。生物再生法包括好氧法和厌氧法两种。活性炭的生物再生是在对生物活性炭吸附、降解有机污染物的机制研究的背景下产生的。该方法将物理吸附的高效性与生物处理的经济性相综合，充分利用活性炭的物理吸附作用与生长对炭表面的微生物进行生物降解作用。活性炭生物再生的工艺和设备没那么复杂，方法本身对于活性炭没有危害作用。但是，有机物氧化速率慢并且再生时间较长，吸附容量的恢复程度是有限度的，并且对于吸附质有一定的选择性，生物不能降解的吸附质不能应用这种方法。另外，生物降解的中间产物还是易于被活性炭吸附，而且积累在活性炭的细孔中，同时活性炭与微生物的分离也不容易。

二、新型碳材料

现在研究较多或者应用范围较广的新型生物质碳材料主要有碳包覆纳

米金属材料、生物质碳分子筛、生物质碳纤维等。

（一）碳包覆纳米金属材料

碳与其他金属形成的复合结构有特殊的结构及性质，使碳元素广泛应用于化学、电磁学、医学以及微电子学等学科。其中，碳包覆纳米金属材料是一种新型的碳复合纳米材料，它的制备和性质研究已成为材料科学领域的研究热点。碳包覆金属纳米粒子是一种碳颗粒中填充金属颗粒的纳米材料。碳包覆金属纳米材料在很多领域都有大范围的潜在应用，例如磁记录材料、癌症诊断、静电印刷和治疗、核磁共振成像、磁流体等；另外，碳包覆纳米材料的外包碳形成封闭空间让被包覆起来的纳米材料和环境隔绝，可以使其稳定存在，更加拓宽了不稳定的纳米材料的实际应用空间，使这种材料在材料、化学以及物理等领域有较大的潜在应用价值。

现在，已经报道了很多碳包覆纳米材料的制备方法，例如电弧法、离子束法、激光法、CVD 法、球磨法以及有机质热解法等方法。由于所采用的碳源及生长方式有差异，所以其制备过程及产品性质也不一样。运用生物质有机碳为碳源，一般情况下会采用热解法。例如，运用淀粉及纤维素为有机碳源，在还原气氛中运用控温还原炭化工艺，制作大量的各种碳包覆金属材料；另外，用铁蛋白经低温热解炭化，也可以制成粒度均一的碳包覆金属纳米材料。

碳包覆纳米金属材料的应用有以下几方面。

（1）分析检测。碳包覆纳米颗粒由于表层是由 C 组成的，因此是一种安全无毒的前驱体材料。采用纳米颗粒进行细胞分离技术可以在肿瘤早期的血液中检查出癌细胞，实现癌症的早期诊断与治疗。

（2）吸波材料。碳包覆纳米材料是一种吸波材料，它的优点是宽频带、质量轻、性质稳定、兼容性好、厚度薄等，为之后高性能吸波材料的需求提供了可能性。

（3）电子器件。现今，碳包覆金属纳米材料在电学量子器件上的应用是一个研究热题。磁电子纳米结构器件是 20 世纪末影响力最大的一项科研成果。纳米结构高效电容器阵列研制有着十分重要的意义，而碳包覆纳米材料是制造这种电容器最理想的材料。但是，现在纳米级高容量的超微型电容器的设计及制备依然处于实验阶段。并且，碳包覆金属纳米材料在传感器、磁头和电磁存储、金属晶体管等微电子器件等方面的应用潜力也是相当巨大的。

（二）生物质碳纤维

碳纤维是一种纤维状的碳素材料，含碳量超过90%，它是经过多种有机纤维在惰性气体高温条件下碳化而得的。碳纤维除了碳的固有特性之外，还具有纺织纤维的可加工型特征，是先进复合材料的增强材料。它的特点有耐高温、低膨胀度、高比强度密度、高拉伸模量、抗烧蚀等多种功能，以逐渐发展成为尖端技术及军事工业中或不可缺的新材料。

碳纤维是用有机纤维经碳化和石墨化处理得到的微晶石墨材料。碳纤维的人造石墨与微观结构都是乱层石墨结构。碳纤维的轴向强度及和模量高、密度低，碳纤维树脂复合材料抗拉的强度一般在3500MPa以上，抗拉弹性模量为230~430GPa。碳纤维无蠕变，非氧化条件下耐疲劳性好，耐超高温，比热容和电导性在非金属与金属之间，热膨胀系数小并且具有各向异性，X射线透过性强，耐腐蚀性强。碳纤维耐冲击性较弱，容易损伤，在强酸作用下会发生氧化，和金属（比如A1）复合时会发生金属碳化、电化学腐蚀、渗碳现象。

现今，碳纤维制备方法主要有气相生长法、有机纤维法，以各种生物质原料作为前驱体的碳纤维，其制备通常采用有机纤维法，也就是用不同的有机纤维作为原料，经过纺丝、氧化、炭化、石墨化、表面处理、上胶、卷绕、包装，分别制成性能不同的碳纤维及石墨纤维。

生物质碳纤维一般采用纤维素、木质素等生物质为原料，例如，采用用棉、竹等天然纤维研制黏胶碳纤维，用于灯泡的灯丝；采用蒸汽爆破法来得到桦木木质素，再经过纺丝、硬化、炭化制的抗拉可达到最高强度890MPa的木质素基碳纤维。由于蒸汽爆破法得到的生物质无污染，与其他方法相比，获得的木质素制备碳纤维更有优势。

在采用纤维素或木质素等生物质原料来制备碳纤维时，需要注意的是要将它的生物质从原料中分离后，再加工为碳纤维原丝，制备是一项反复的工艺。打个比方，把乙酰化木材溶于苯酚，再加入固化剂，加热可以生成具有较好拉丝性的树脂化溶液，拉丝之后以固定速率加热使其硬化，在900℃炭化能够制备出和通用的沥青碳纤维强度一样的木材基碳纤维，从而实现木材整体制备碳纤维。

碳纤维可以加工成的成品有席、纸、织物、毡等。在传统的使用过程中，碳纤维通常作为绝热保温的材料，一般会当做增强材料加入到陶瓷、树脂、金属、混凝土当中，形成符合材料，很少单独拿出来使用。这些加入碳纤维的符合材料，除了可以用来制作飞机结构材料、电磁屏蔽除电材料、人工韧带等之外，还可以用来制造火箭外壳、驱动轴、机动船、工业机器人以及汽车板簧等。

（三）生物质碳分子筛

　　碳分子筛是在 20 世纪末期逐渐兴起来的一种具有比较均匀微孔结构的碳质原料，它有接近被吸附分子直径的楔形狭缝状微孔，可将立体结构中大小不同的分子分离出来。碳分子筛的孔隙以微孔为主，孔径分布集中在 $0.3 \sim 1.0nm$ 范围内，其孔径分布可使不同的气体以不同的速率扩散进入孔隙中。碳分子筛已用于催化剂载体、空气分离制氮、脱除天然气中的杂质 CO_2、色谱、从焦炉和水的固定相气中回收 H_2 等方面。

　　碳分子筛利用筛分的特性来达到分离 O_2、N_2 的目的。在分子筛吸附杂质气体之时，大孔和中孔只承担通道的功能，把被吸附的分子运送到微孔及亚微孔中，微孔及亚微孔才真正发挥出吸附的作用。碳分子筛内部有大量的微孔，这些微孔容许动力学尺寸小的分子快速扩散到孔内，并控制大直径分子的进入。由于尺寸不同的气体分子相对扩散速率是有区别的，所以气体混合物的组分能被有效隔离。在制造碳分子筛的时候，按照分子尺寸的大小，碳分子筛内部微孔分布理应在 $0.28 \sim 0.38nm$。在这一微孔尺寸范围下，O_2 能够迅速通过微孔孔口扩散到孔内，而 N_2 难以通过微孔孔口，这样便达到了 O_2、N_2 分离。微孔孔径大小是碳分子筛分离 O_2、N_2 的基础条件，如果孔径太大，O_2、N_2 分子筛都很容易进入微孔中，不能起到分离作用；相反，若孔径太小，O_2、N_2 均无法进入微孔中，同样不能起到分离作用。

　　碳分子筛的制备工艺因为不同的原材料而不一样。以生物质为材料的粒状碳分子筛的制备工艺主要包括粉碎、预处理、加胶黏剂捏合成型、干燥、炭化、活化造孔、碳沉积调孔等环节。在制造之时，炭化、活化以及调整孔径均很重要，如果活化出的孔径太大，会对下一步的碳沉积调孔会有不利影响；若活化出的孔径太小，在碳沉积的过程里会把小孔堵死，因而控制好工艺条件活化出适量的孔径，对于进一步的碳沉积缩孔能够起到积极作用。

　　生物质原料富含挥发分，结构均一、低灰分对于碳分子筛的制备是有积极作用的。现今，生物质碳分子筛研究较多的是采取植物的坚硬果壳来制备。例如，原料为果壳，通过沉积缩孔、活化造孔、再活化开孔，可以制备出孔容是 $0.19cm^3/g$、孔径在 $0.37 \sim 0.49nm$ 间的碳分子筛，而且成功地用于 CS_2 与 C_5H_{12} 间的分离；用棕榈壳制备出碳分子筛，用控制炭化温度来调孔，发现 $900 \sim 1000℃$ 制备的碳分子筛适宜分离 CO_2 与 CH_4，$700℃$ 制备的碳分子筛适宜分离丙烷和丙烯；采取少量 KOH 浸渍炭化胡桃壳，然后高温热解改性后生成碳分子筛，它的孔隙大小大概为 0.5nm。

第四节　生物染料与生物基涂料

一、生物染料

染料是可以让纤维包括其他材料着色的物质，能够分成两类：一类是天然染料；另一类是合成染料。燃料能将一种颜色附在纤维之上而不掉色。1856 年，Perkin 发明了第一个合成燃料——马尾紫，从此燃料化学从有机化学中诞生。20 世纪 50 年代，Pattee 与 Stephen 发现含二氯均三嗪基团的染料在碱性条件下和纤维上的羟基发生键合，此项发现标志染料生成从物理添加转换成了化学合成，开始了活性染料的合成应用时代。如今，染料不再局限于纯纺织领域，它同样高频率地出现在塑料、食品、光电通信、皮革以及涂料等领域。

自生态纺织品的要求和禁用 118 种染料以来，环保染料已发展成为染料行业及印染行业的重点，环保染料是确保纺织品生态性的主要条件。环保染料不仅要同时具备染色性能、应用性能、使用工艺的适用性以及牢度性能，还应该满足环保质量的要求。环保型染料包括以下内容：①不包含德国政府和欧共体及 Eco-TexStandard100 明文规定的在特定条件下会裂解释放出 22 种致癌芳香胺的偶氮染料，不管这些致癌芳香胺游离于染料中或是由染料裂解所产生；②非致癌性染料；③非过敏性染料；④可萃取重金属的含量在限制值之内；⑤不包含会产生环境污染的化学物质；⑥不含有环境激素；⑦不是急性毒性染料；⑧不包含被限制农药的品种且总量在规定的限值以下；⑨甲醛含量在规定的限值之内；⑩不包含变异性化合物和持久性有机污染物。

严格来讲，只有满足上诉十种要求的染料才能称得上是环保型材料，而真正意义上的环保材料除此之外，在生产过程中对环境应该也是美好的，即使产生少量的废气废水，也能通过清洁的方法处理污染物达到国家与地方的生态要求。现在的人们比以往更加注意环保，因为主张环保消费，所以生物染料受到众人的关注。

根据来源途径来划分，可以把天然染料分为矿物染料、动物染料以及植物染料。天然燃料拥有悠久的历史，例如，从姜汁中能够提炼出姜黄素，从胭脂虫中能够提炼出胭脂红，从苏木中能够提炼出苏木色素等。伴随提取及纯化技术的发展与进步，现今天然染料已发展成为不同色相、门类、色调的几百种色谱系列。而天然染料中应用历史最悠久、应用范围最广的是植物染料，例如茜草（红色）、苏枋（红色）、紫草（紫色）、苏木（黑色）、荩草（黄色）、黄栀子（黄色）、红花（红色）、菘蓝（蓝色）、靛蓝（蓝色）、薯莨（棕色）、紫苏（紫色）、槐米（黄色）、姜金（黄色）、五倍子（黑色）、皂斗（黑色）、墨水树（黑色）、苏木（黑色）等。

　　提取植物染料的方法主要有两种：①直接提取。将水煮成汁，过滤掉杂志，最后分离浓缩。②辅助提取。可以加入化学试剂（如乙醇）、超声提取以及酶法提取等方式。例如，对于一些难溶性植物色素，可以把它搅碎之后倒入封闭的容器中，导入乙醇，浸渍 24 小时后，再倒出溶液，再用乙醇浸泡 6 小时，像这样重复两遍。再将几次得出的溶液混合在一起，滤掉杂质，就可以得到染液的粗品。

　　虽然天然染料比较环保，不过存在难以大量生产、成本高的缺陷，导致大半天然染料难以工业化应用。而用生物质或是生物基分子作原料，采用生物方法或者化学方法获得的合成染料，就可以解决传统化学染料污染环境和天然染料成本高的问题，为染色工业打开了新的思路。据研究表明，可以根据基因重组技术，大量生产天然染料。现在，韩国的一家公司已经成功研发出了利用微生物（重组大肠杆菌）来生产生物靛蓝的技术。经过化学合成方法生产红色和蓝色等染料，这种方法成本虽然不高，不过在生产过程中所排放出大量的毒性物质，对环境不友好，经过这种染料染色的衣物及壁纸等会对过敏性反应和皮炎患者带来不良影响。但我们只要通过环境生物工程生产，尽管在成本方面比生产化学染料的高，不过与从植物蓼蓝中提取天然染料相比，成本相对来说少一些，同时可以实现标准化、连续化、规范化生产。另外，生物天然染料对于天然染料，色泽的重现性更优秀，对防紫外线、汗液、洗涤以及摩擦等的耐受性更强，更具抗菌性。

二、生物基涂料

　　涂料可以涂覆在任何施工工艺物的表面，形成一定强度的黏附牢固的连续固态薄膜。

　　20 年代 90 世纪以来，发达国家兴起了一场绿色革命，这项运动推动了工业涂料向绿色涂料的发展进程。尽管在绿色材料上的追求有目共睹，但是涂料常用的树脂与添加剂都大多来源于不可再生的化工资源，这一消耗使市场对能够代替原料及不可再生能源的产品呼声提高。因此，利用废物生物质资源和不可食用油料作物等有机生物质作为原料的呼声越来越多，合成相关添加剂和聚酯从而适用于涂料生产，这一技术得到了科技界及工业界的高度关注。

全球的船东及船舶经营者现在都向着低阻力、无毒性的水下船舶表面和通过水增加水下船舶表面的"润滑性"为目的来研究。APC公司认为，这种新一代外部水下船用涂料会使这个公司对船舶工业的供货量扩大。因此，此公司计划今后要提前利用不断增加的对低阻力、无毒性的水下船舶表面的"绿色"倾向的有利因素，将RS公司采用诸如蛋白质与缩氨酸之类天然材料的生物基功能引进新的涂料中。RS公司认为，因生物基功能运用天然的生物材料，如蛋白质与缩氨酸，可以提供一个巨大的功能添加物的原料来源，而且这一添加物在环境中是可回收的、非持久性的、无毒性的，所以符合环境保护的要求。通过将开发的重点投入到这些生物材料的独有及特殊的结合上，这个公司此生物基添加物能够对涂料系统形成一种"补充能力"的创新作用。因为这一涂料能够改变和更新功能且不需要重新涂装，所以对于用这种涂料涂装过的船舶表面上会增加一层新的有效的保护面积。APC公司与RS公司会一起对使用若干这些不同生物基添加物的涂料来试验，先在各种聚合物系统中和同时模拟在固定式结构与水下表面的船舶环境中来试验，最后在实船上进行试验。

第五节　生物质基药品与农药

一、生物质与药品

生物质炭（Biochar）是生物质在限氧条件下、低温（<700℃）的热解炭化产物。现今，国内外有很多有关于介质及功能材料对于土霉素的消除研究，然而用生物质炭为吸附剂，土霉素为目标污染物的文献并不多，尤其是还没有以菠萝皮渣为原材料制备的生物质炭对土壤中土霉素的毒性影响和去除效应的报道更少。研究表明，菠萝皮渣生物质炭对于土霉素的吸附效果比较好。不过考虑到在实际环境中污染物和各种阳离子相共存，而且外来离子会影响到土壤等介质吸附有机污染物，这些离子可能和土霉素的吸附位点结合，进而作用到生物质炭对土霉素的吸附行为。由于土霉素分子结构特性，可以和阳离子形成2∶1的复合体，也可能会指使土霉素环境行为的变化。出于这方面的考虑，本试验采用OECD Guideline 106批量平衡方法，对不同Ca^{2+}强度和不同阳离子类型对3种菠萝皮渣生物质炭吸附土霉素的影响作出研究，来为废水中抗生素的排除研究提供一定的理论基础。

通过闫聪聪等[1]的试验，采用批量平衡法研究不同 Ca^{2+} 强度以及不同阳离子类型对土霉素在3种菠萝皮渣生物质炭中吸附的影响，我们可以得到以下结论。

（1）在土霉素低浓度范围内，生物质炭对土霉素的吸附受离子强度变化的作用较小，当土霉素浓度升高，其受离子强度变化影响会增大。

（2）在不同 Ca^{2+} 浓度环境下，3种生物质炭对土霉素的吸附过程都符合 Langmuir 和 Freundlich 模型。伴随平衡溶液中 $CaCl_2$ 浓度的升高，生物质炭对土霉素的吸附容量（lgK_f）逐渐减小，而且 lgK_f 值和 $CaCl_2$ 浓度之间有明显的负相关（$P<0.05$）。

（3）在4种不同阳离子环境下，土霉素在3种生物质炭中的吸附过程都符合 Freundlich 和 Langmuir 模型。这3种生物质炭对土霉素的吸附影响力很强，lgK_f 值范围是 $2.3675 \sim 3.1732$。

（4）不同阳离子之间的竞争吸附强度不一样，Zn^{2+} 的存在对3种生物质炭的吸附能力均有不同程度的增强，而 Al^{3+} 对 BL350 吸附土霉素的能力有所增强。相较于其他阳离子，K^+ 的存在更容易使溶液中土霉素在生物质炭上的吸附强度（$1/n$）降低。

二、生物质与农药

现今社会中农业生产越来越倚重各类农药的使用。大量农药制剂的使用给现代农业生产带来了便利的同时，也严重威胁了人们赖以生存的自然环境。随着人们环保意识的加强，环保剂型、绿色助剂逐渐受到农药研究领域的重视。因此，黄原胶、改性淀粉、生物柴油等生物质助剂在农药领域的研究与应用有所进展。虽然研究还不够深入，但可以为深度开发提供思路和契机。

（一）改性淀粉的应用

淀粉作为植物光合作用的产物，是一种可再生资源，并且容易获得。其结构复杂，具有很多羟基，无毒无害可降解，亲水性好，是很理想的一种化工原料，很多研究者通过改变其分子中一些 D-吡喃葡萄糖单元的结构来帮助其改性。改性淀粉有很多种，大部分是增强疏水性，改性淀粉的种类包括酸变性淀粉、酯化淀粉、氧化淀粉、醚化淀粉、接枝淀粉、交联淀粉以及两性淀粉等。

---

❶　闫聪聪，符博敏，罗吉伟. 阳离子强度及类型对生物质炭吸附土霉素的影响［J］. 农业环境科学学报，2018，37（4）：718-724.

　　张源等在制备5%高效氯氰菊酯水乳剂中，用酯化改性淀粉辛烯基琥珀酸淀粉钠作为乳化剂，分别改变乳化剂用量、盐离子浓度、体系的pH值、环境温度等条件，研究水乳体系中油滴表面吸附性能与Zeta电位变化。实验结果显示，辛烯基琥珀酸淀粉钠当作乳化剂使用能够较好的提升体系的理化性能，这一表面活性剂具有很好的应用市场。商健等利用10%氰氟草酯水乳剂体系，研究了辛烯基琥珀酸淀粉酯、苄基淀粉、烷基多糖苷的应用性能，还探讨了油酸甲酯、生物柴油以及黄原胶等生物质助剂与改性淀粉的复配使用和水乳体系制备方法对产品性能的作用。结果显示，这一体系中各类改性淀粉都有非常出色的性能特征，而且具有各自的优势。

（二）生物柴油、油酸甲酯的应用

　　生物柴油，即脂肪酸甲酯，是一种绿色溶剂、含氧清洁燃料，制造原料包括菜籽油、棕榈油、大豆油、玉米油等天然植物油和回收动物油脂、烹饪油等。

　　随着世界范围内石油资源的紧缺和人们环保意识的提升，生物质资源在各个领域的研究中受到的关注越来越大。农药研究领域对各类生物质助剂的研究力度已经超过了对新原药的合成，并且归于对绿色高效剂型与高效省力剂型的开发研究中。现今，生物质助剂的应用范围较小，实际生产中的使用主要集中于一些传统助剂品种，很少用在新剂型中。不过，我们相信在国家政策的扶持下，在良好性能的支撑下，各类生物质助剂在将来一定会有更为广泛的应用，最终会将大多数石油类助剂在农药领域中的地位所取代。

第八章　高附加值基础化学品的制备

　　随着化石资源的日益短缺，全世界都将目光集中到了生物质能资源的开发利用这一块。在许多生物质利用技术中，快速热解液化技术最有应用前景。该技术包括在中等温度和低氧条件下快速分解生物质，并将产品快速冷凝，主要是将生物质转化为液体生物油产品。生物油是石油的潜在替代品，可在许多领域用作液体燃料或化学原料。常规生物油含有许多高附加值的化学物质，其中包括多种如左旋葡聚糖、左旋葡聚糖酮、糠醛、5-羟甲基糠醛、麦芽酚、香草醛等难以通过常规手段进行合成的物质，然而常规的生物质热解的选择性很差，会有超过400种有机物质形成，所以大多数物质的内容在常规生物油中的的含量非常低，这使得分离和提取技术变得很难，没有良好的经济效益，很难作为化工原料。目前常规的化学物质从生物油中提取是专注于一个特定类型的组件包含特定的官能团，如酚类物质（包括黄烷醇），熏蒸剂或者一些含有相对高，如左旋葡萄糖、羟基乙醛（HAA）、乙酸（AA）为了获得特定的高附加值产品，必须通过适当的手段对生物质热解过程进行定向控制，例如调整热解条件或引入适当的催化剂。促进特定的反应途径，抑制其他反应途径，从而实现生物质选择性热解液化，获得预期的目标产品，从而提高目标产物的产率和其在生物油中的含量。

第一节　左旋葡聚糖的选择性热解制备

一、左旋葡聚糖简介

　　左旋葡聚糖，又称脱水内醚糖（LG），即1,6-脱水-β-D-吡喃葡萄糖。熔点182~184℃，沸点384℃，闪点186℃，其结构如图8-1所示，C1和C6间含有一个内缩醛环。LG主要由生物质中纤维素的热解得到。通常来说，纤维素经历两种相互竞争

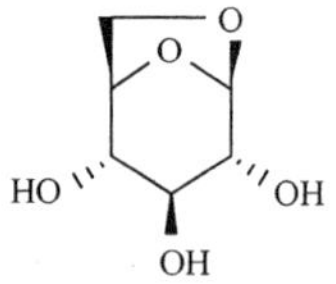

图8-1　LG 的结构

（据董长青、陆强、胡笑颖，生物质热化学转化技术，2017 年）

的、平行的解聚和开裂过程，在中温条件下快速热解时形成各种一次热解产物。解聚反应主要生成 LG，产率可达 40% 以上。因此，LG 是生物质选择性热解最容易制备的目标产物之一。

二、LG 生成机理的实验研究

对左旋葡聚糖的合成机理的研究，不同学者纷纷根据自己的实验研究提出了不同的生成路径，但目前并未得到确切的结论。基于这些结果，LG 生成途径可分为四类：通过糖苷键均裂反应生成 LG，通过糖苷键异裂反应生成 LG，通过葡萄糖中间体生成 LG，通过协同反应生成 LG。

图 8-2 所示的 LG 的生成路径是前人根据热解实验结果提出的所有反应。然而，由于实验条件和设备的限制，传统的实验研究不能对快速热解进行深入的分析，快速热解发生在很短的时间内，也不能得到反应过程的中间产物，因此很难确定 LG 的生成路径。

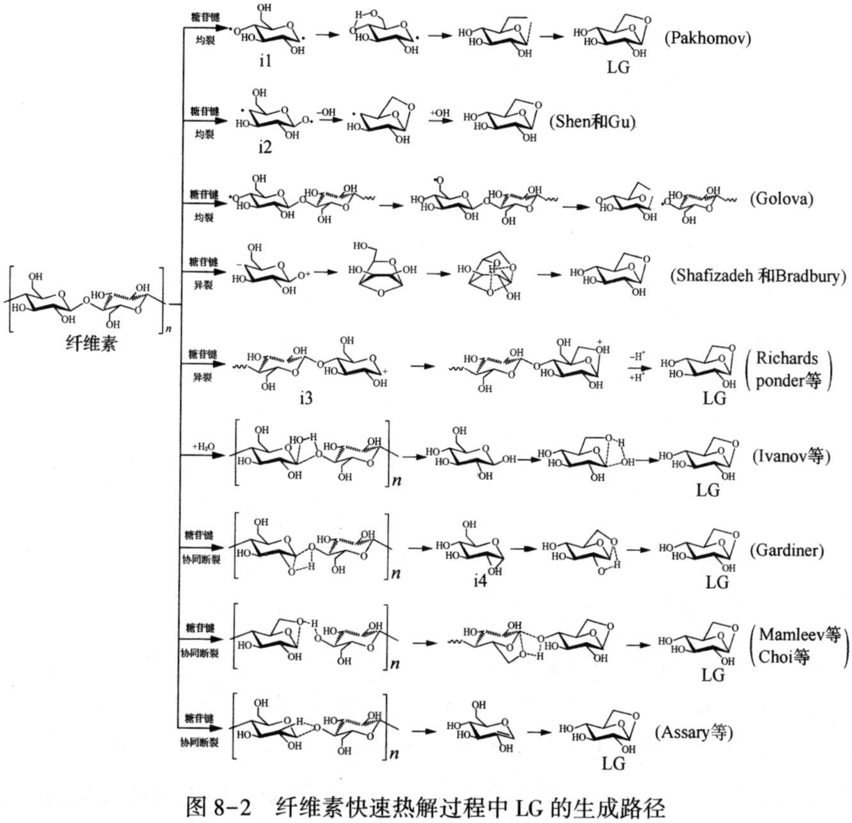

图 8-2　纤维素快速热解过程中 LG 的生成路径

（据董长青、陆强、胡笑颖，生物质热化学转化技术，2017 年）

三、LG 生成机理的理论研究

与传统的实验研究相比，密度函数理论可以模拟分子和原子层面的化学反应，揭示其反应机制，并已成功应用于生物质热解机制的研究。Assary 和 Curtissp、黄金保等、Zhang 等、Mayes 和 Broad belt 分别基于密度泛函理论，通过 Gaussian 软件计算了 LG 可能的生成路径，结果相似但也不同。

黄金保等以纤维蛋白为纤维素模型化合物，计算了 LG 的不同生成路径。如图 8-3 所示，糖苷键 C—O 键均裂，形成两个自由基，自由基 IM1 进一步反应生成 LG 和一个氢原子；该过程中，C—O 键解离能为 321kJ/mol；以均裂反应形成的自由基 IM1 为基础，再通过一个反应能垒为 203kJ/mol 的协同反应生成 LG；综合上述两步反应，由纤维二糖通过均裂反应生成 LG 的总能垒为 524kJ/mol。在糖苷键协同断裂途径中，通过一步协同反应直接得到葡萄糖和 LG 分子，能垒仅为 378kJ/mol。比较可知，纤维二糖通过协同反应生成 LG 的能垒要低于通过糖苷键均裂反应生成 LG 的能垒。

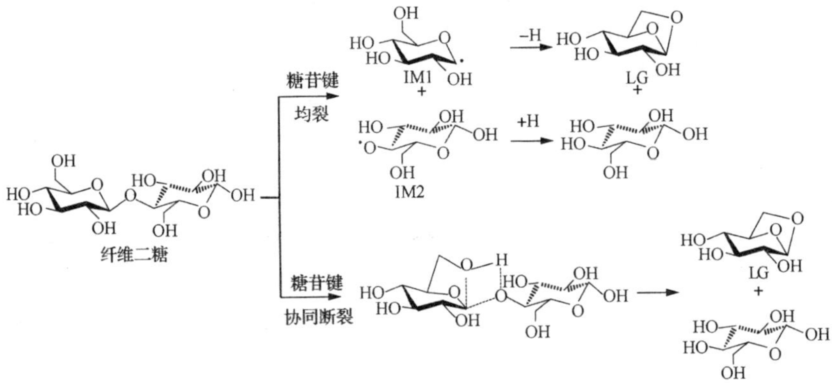

图 8-3　黄金保等计算的 LG 生成路径

（据董长青、陆强、胡笑颖，生物质热化学转化技术，2017 年）

Zhang 等同样采用纤维二糖作为纤维素模型化合物，计算了不同的 LG 生成路径，如图 8-4 所示。其首先对纤维二糖糖苷键发生均裂和异裂的键解离能进行了计算，得出的结果显示糖苷键均裂解离能为 331kJ/mol，而异裂解离能高达 659kJ/mol 以及 925kJ/mol，表明糖苷键更容易发生均裂反应；其进一步计算了由糖苷键均裂产生的双自由基中间体经由 Pakhomov 所提出的反应路径（图 8-2）生成 LG 的过程，反应能垒为 93kJ/mol；因此整体上纤维素经过均裂反应生成 LG 的过程的决速步为糖苷键的均裂反应，整条反应路径的反应能垒为 331kJ/mol。Zhang 等随后计算了纤维二糖经水解和协同反应生成 LG 的途径，确定了两种途径的反应能垒分别为 264kJ/mol 和 195kJ/mol，这说明通过协同反应生成 LG 的糖苷键的反应能垒最低，因此可以确定通过协同反应直接生成 LG 的纤维素是能量较好的途径。zhang 等的计算采用相同的基数，综合比较了相同条件下纤维二糖的均裂、异裂、劈裂和协同反应的能垒高低，是有一定的代表性的。

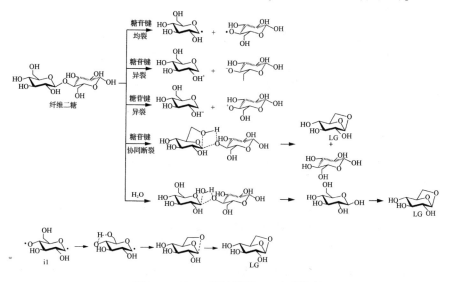

图 8-4　Zhang 等计算的 LG 生成路径

（据董长青、陆强、胡笑颖，生物质热化学转化技术，2017 年）

根据黄金保等和 Zhang 等的计算结果，可以看出他们得出了相同的结论：纤维二糖通过协同反应直接生成 LG 的途径具有最低的反应能垒和最少的步骤，是纤维二糖生成 LG 的最佳途径。但是，他们的计算数据有明显的差异，主要体现在纤维二糖的配位反应，黄金保等的反应能垒计算值为 378kJ/mol，而 Zhang 等的计算结果为 195kJ/mol。一方面，可能是由计算基组的不同选择造成了这种差异，另一方面，可能是由反应物和过渡态的不同空间结构造成了这种差异。因此，要想获得的数据更令人信服，还需进一步的研究和计算。

四、纤维素/生物质快速热解制备 LG

以纯纤维素为原料进行快速热解，控制合适的热解反应条件，得到的生物油中 LG 含量较高，可用于 LG 的后续分离纯化。因此，一般情况下，热解反应过程是不需要通过原料预处理或引入催化剂来调节的。

但是，当以生物质为原料制备 LG 时，纤维素热解生成 LG 的过程会受到半纤维素、木质素、灰分等因素的影响，容易导致 LG 产量急剧下降。杨昌炎等利用喷动流化床快速热解实验装置对小麦秸秆进行了快速热解实验研究，发现液体产品中 LG 含量为 5% ~ 10%。龚维婷使用微波热解的棉花秸秆、玉米秸秆和稻壳，发现棉花秸秆和玉米秸秆热解油的 LG 相对含量高，峰面积百分比达到 22%，而稻壳热解油中没有发现 LG。董长青等研究人员发现，经过脱灰预处理后，杨木和松木热解产物中 LG 的含量显著增加。其原因是灰分可以抑制纤维素的解聚反应，促进吡喃环的开裂反应。胡海涛等综述了国内外各种生物质预处理技术及其对热解产物的影响的研究现状，并指出脱灰预处理可以加快生物质热解速率，实现糖类组分的富集。

综上所述，纤维素/生物质快速热解的过程中产生的最重要的脱水糖衍生物就是 LG。许多学者在观察和解释实验现象的基础上提出了多种关于纤维素热解生成 LG 的机理和途径的见解，但因为验证方法很难达到一致，始终没有得出统一的结论。在这所有的理论研究方法之中，密度泛函理论是其中较为有效的一种，但现阶段这类的研究工作开展得还是比较少。尽管已经有一部分学者通过一些初步的理论研究成果，得到了一些类似的结论，但都是基于具体的数据，还是存在很大的区别。因此，在今后的研究工作中，应在提出的反应路线的基础上，以统一的计算标准（计算方法、基组）作为依据，使用更准确的纤维素模型化合物综合分析每一条反应路线。准确的分析使纤维素热解生成 LG 的反应途径最终确定了下来。此外，实验验证也要再加强，通过实时监测和分析热解中间体来验证反应途径。对于 LG 的选择性制备，纯纤维素在常规快速热解条件下可获得高 mg -rich 生物油，可直接用于后续分离纯化；然而，LG 的产量是以生物量为基础的。通过对原料进行脱灰预处理，可以使 LG 的含量和收率大大降低，使 LG 的产率和含量提高。

第二节　　脱水糖衍生物的选择性热解制备

一、脱水糖衍生物简介

在快速热解的过程中，纤维素类生物质等会发生分解生成不同种类的脱水糖衍生物，各衍生物的生成量不等，其中以左旋葡萄糖酮（LGO,

1,6-脱水-3,4-双脱氧-β-D-吡喃-2-酮）为主，另外还有其他化合物生成，如 DGP、APP、LAC 等，具体结构如图 8-5 所示。

LGO 作为纤维素分解的主产物，是一种应用价值极高的附加值化学品，在化学化工领域具有极其重要的地位。LGO 在化学领域是一种极其重要的手性合成子，虽然可以通过生物质热解工艺获得，且兼具经济性和环保性等优点，但通过这一途径获得的产率相当低，此外，纯化学工艺的合成也尚未开发出产率较高的合成路线。所以，为了能够更高效地、有选择性地制备 LGO、DGP、APP、LAC 衍生物，还需要对各物质的热解形成机理进行深入研究，再在后续的工作中开发适合于各衍生物的选择性热解制备工艺。

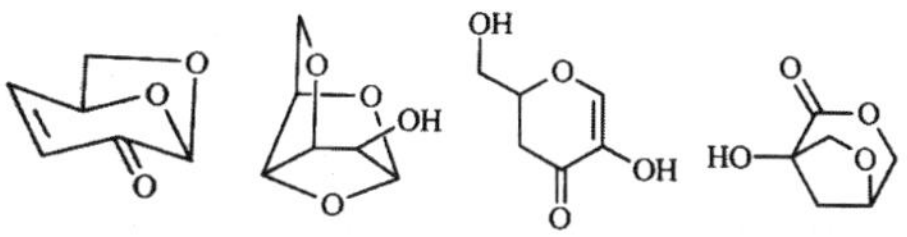

图 8-5 纤维素热解生成的四种高附加值脱水糖衍生物

（据董长青、陆强、胡笑颖. 生物质热化学转化技术，2017 年）

二、纤维素/生物质选择性热解制备 LGO

根据纤维素或生物质的传统热解工艺获得 LGO 的产率非常低，为了能够提高其产率，研究人员寻找了新的方法，即在引入酸性催化剂的条件下，同时控制热解反应处于较低的温度，就可以相应地提高 LGO 的产率。因此，为了进一步开发出可提高 LGO 产率的工艺，相关研究领域的学者针对各种类型的酸催化剂进行了批量筛选，并根据不同催化剂的独特性开发了相应的裂解方法（如通过浸渍法将催化剂负载于生物质原料上、将催化剂直接与生物质原料进行机械混合等），同时找出了更加适合于催化生物质热解的酸催化剂。在这一研究发现的基础上，研究者们开发了不同路径的 LGO 热解制备工艺。

（一）纤维素/生物质浸渍负载酸催化剂后选择性热解制备 LGO

1. 金属盐催化剂

在催化热解纤维素或生物质的研究中，研究者们针对不同的金属盐化合物进行了筛选，结果发现氯化物金属盐能够促进 LGO 的生成，这些氯化物金属盐分别有 $CuCl_2$、$AlCl_3$、$MgCl_2$、$FeCl_3$ 以及 $ZnCl_2$，在这五种氯化物催化剂中，催化效果最好的是 $ZnCl_2$。

随后，研究者又对 $ZnCl_2$ 负载量进行了研究分析。研究结果发现，当纤维素等生物质负载少量的 $ZnCl_2$ 时，就可实现抑制综纤维素的裂解反应，从而控制生成不同种类的小分子化合物，如羟基乙醛、羟基丙酮等；同时还发现，低负载量的 $ZnCl_2$ 催化剂可以促进不同种类的脱水糖衍生物（LGO 等）的生成和呋喃类产品的生成，其中呋喃类产品以糠醛为主。当 $ZnCl_2$ 的负载量逐渐增多到一定值时，反而出现其对 LGO 选择性作用下降的趋势，而对糠醛的选择性提高且纯度相对较高。出现这一结果的主要原因在于，过量的 $ZnCl_2$ 会继续作用于 LGO 等脱水糖衍生物，催化该衍生物进行二次分解，即得到糠醛产物。

除了金属氯化物具有较好的催化作用以外，其他的金属盐（如 K_2CO_3、$Fe_2(SO_4)_3$ 等催化剂也能提高纤维素热解制备 LGO 的效率。

综上研究可知，虽然金属盐催化剂能够有效促进纤维素等的热解反应来制备 LGO 等衍生物，但同时也会催化衍生物的二次分解，因此选择性的制备 LGO 的效果并不好。

2. 无机酸催化剂

无机酸催化剂是早期化学工艺中应用较多的一类催化剂，且一般具有较好的催化效果。在纤维素或生物质的热解研究中，人们把催化剂的开发目标放了无机酸催化剂上，对一系列的无机酸进行了大量筛选，最终发现磷酸对催化纤维素热解制备 LGO 具有良好的选择性，同时也是众多的无机酸中选择性最高的一种催化剂。

Dobele 实验团队在实验中发现，在原料负载磷酸的条件下快速热解纤维素或生物质，可以获得 LGO 含量较高的液体产品，同时还对不同的实验条件进行了筛选，如磷酸负载量、热解温度和时间、纤维素结构等，考察了 LGO 生成的最佳条件。在具体的实验过程中，该实验室分别选取了两种生物质原料。第一种是微晶纤维素，实验条件为：2%磷酸浸渍、500℃，快速热解的产物中 LGO 的收率占34%，远远高出了纯纤维素热解获得的 LGO 收率。第二种原料是桦木，同样的实验条件：2%磷酸浸渍、500℃，获得的液体产品中的 LGO 的收率占17%。此外，Fu 等以铬酸铜砷酸盐处理的松树为原料，同样浸渍磷酸催化剂，热解结果也较好。当实验条件为350℃、6wt%磷酸负载催化时，快速热解获得产物中 LGO 含量占22%以上；但在相同温度在下增加磷酸浸渍量的时候，LGO 的含量反而出现下降趋势，说明催化剂的负载量应该控制在一定的浓度范围。

硫酸的选择性催化性能也较高，仅次于磷酸。针对硫酸催化剂，不同的学者进行了实验研究，其中 Branca 等以玉米芯为原料对硫酸浸渍量进行了考查，当其浸渍量小于 0.5% 时，热解产物主要以 LG 和 HMF 为主；当浸渍量在 1% 至 3% 之间时，有效促进了 LGO 和糠醛收率的大幅提升。此外，Sui 等在考查生物质原料在浸渍硫酸的条件下的低温热解特性时发现，当在甘蔗渣原料上负载 3wt% 的硫酸时，在 270℃ 下可达到 LGO 的最高产率，即 7.58wt%。硫酸虽然具有较好的催化选择性，但由于它的高酸性，非常容易发生 LGO 的二次分解，为了抑制二次分解反应的进行，对装填量和热解条件要严格控制。

3. 其他液体催化剂

离子液体催化剂也是目前研究和应用较广泛的一类液体催化剂，在不同的工艺合成中具有出色的催化表现。针对纤维素的热解反应，Kudo 等研究了离子液体在其中的作用，以 1-丁基-2,3-二甲基咪唑三氟甲磺酸酯为催化剂，催化剂浓度为 50%、温度为 250℃ 时，纤维素的热解产物中 LGO 的相对含量达到 20%。虽然用离子液体作催化剂收到了客观的产率，但其热稳定性方面还存在不足，同时价格也是其应用受限的另一因素。

（二）纤维素/生物质与固体酸催化剂机械混合后催化热解制备 LGO

上面介绍了不同类型的酸催化剂，虽然它们可以通过浸渍的方式负载在纤维素等原料上，也能够收到选择性相对较高的 LGO 产物，但在实际应用的过程中还会出现不少的问题。对其进行总结，可以概括为以下三点：第一，催化剂都是强酸，它们的负载量会严重影响 LGO 的生成量，因此为了获得较高的收率，就必须控制好催化剂的负载量，这一要求就严重增加了原料预处理过程的难度。第二，催化剂容易与热解副产物焦炭结合，不仅增加了焦炭回收的难度，而且还影响了它的正常使用。第三，大多数的催化剂热稳定性差，在混合入液体产物中以后会进一步促进产物的二次反应，从而降低了 LGO 等衍生物在液体中的稳定性。因此，为了克服这些难题，一些学者们将催化剂研究目标放在了热稳定性高的固体酸催化剂上，用于制备 LGO 等衍生物。

通过实验发现，大多数固体酸催化剂与原料进行机械混合后，如 M/MCM-41（M = Sn、Zr、Ti、Mg 等）、蒙脱石 K10、金属氧化物（TiO_2、Al_2O_3、MgO、CrO_3）等，都能对热解反应起到促进作用。但它们和金属氯化物类似，对选择性生成 LGO 的催化性能并不十分高，热解产物通常是多种产物混合为主。从 Wang 等的研究中可以发现，以固体超强酸（SO_4^{2-}/ZrO_2）作快速热解反应的催化剂，可以达到高选择性制备 LGO 的目的；实验还发现，当原料与催化剂比为 1∶1、温度在 335℃时，获得 LGO 的收率高达 8.1wt%。此外，Lu 等用同样方法以及不同的催化剂（SO_4^{2-}/TiO_2 型固体超强酸）进行了研究，发现在原料∶催化剂＝1∶1、温度为 350℃时，总产物中 LGO 的量可达 50%以上。同时，Lu 还对催化剂的回收进行了研究，以磁性固体超强酸（$SO_4^{2-}/TiO_2-Fe_3O_4$）作催化剂，选取两种原料为基础底物：微晶纤维素和杨木，考查了两种不同原料在相同条件下，即物料比 1∶1、温度 300℃，生成 LGO 的产率，分别为 14.9wt%、7.5wt%。

固体酸催化剂的种类非常多，常用的除了硫酸外，还有磷酸等固体酸催化剂，而且实验结果也十分理想。例如，Zhang 等的实验研究主要就是固体磷酸催化剂催化纤维素热解的反应，反应底物主要以微晶纤维素和杨木为主，考查条件为：物料比 1∶1、温度 300℃，LGO 的最佳产率分别为 16.1wt%、8.2wt%。

通过大量的实验研究发现，无论是哪种类型的酸催化剂，在催化纤维素或生物质发生热解反应时，产物 LGO 都能够获得较高的收率和纯度，而且选择性制备 LGO 的技术也是相对最完善的。所以，在进一步优化以后，可以进行一定的工业示范，加快实现 LGO 的工业化生产。

三、纤维素/生物质选择性热解制备 LAC

前面介绍了热解制备 LGO 的一些研究情况，与其工艺制备条件相似的 LAC 制备技术也需要特定的催化条件，具体如下。

Furneaux 等对路易斯酸催化剂和质子酸催化剂进行了对比研究，发现前者能够较好地催化纤维素等热解生成 LAC 衍生物，而后者的催化性能与其相比，就要弱得多了。此外，Fabbri 等还研究了不同类型的沸石催化剂以及纳米氧化物催化剂等对热解反应的影响，试验结果表明纳米钛酸铝催化剂能够高选择性地催化底物生成 LAC 衍生物，且收率高达 6wt%。除了上述应用的催化剂外，其他类型的催化剂对 LAC 制备工艺也表现出了很好的选择性催化性能，如锌盐、蒙脱土 K10 等，但它们的选择性与纳米钛酸铝、Sn-MCM-41 和 Zn-Al-LDO 催化剂相比，选择性基本偏低。最近的一篇文献，报道了 Mancini 等通过现代分析技术手段，即 ^{1}H NMR 和 FT-IR，对不同催化剂 Sn-MCM-41、纳米钛酸铝和蒙脱土 K10 催化纤维素热解反应的催化效果进行了定量分析。结果表明，当热解温度达到 500℃时，Sn-MCM-41 催化剂的选择性催化效率较其他两种催化剂的效率高，LAC 产率也最高，达到 7.6wt%。

根据已有文献的研究成果，可以获得较高催化效率的催化剂，同时也开发了选择性高的制备 LAC 的工艺技术。但这些突破均是纤维素为实验底物的，缺少以生物质为原料制备 LAC 的相关研究。针对这一问题产生的原因，可能来自于两方面因素，一是目前开发的催化剂无法实现高效抑制半纤维素和木质素热解制备 LAC 的不利影响，另一原因可能是催化剂的开发还不能满足人们的需求，所以，目前仍将研究重点放在催化剂的开发方面，以期能够更好地提高 LAC 的收率。

当前，对 APP 和 DGP 的选择性制备工艺研究较少，主要是目前开发的催化剂对二者没有催化选择性。所以，关于 APP、DGP 的研究首先要明确二者的形成机理，然后再开发适合于二者的选择性高的催化剂及工艺制备技术。

第三节　糠醛与 5-羟甲基糠醛的选择性热解制备

一、糠醛及 5-羟甲基糠醛（HMF）简介

糠醛（简称为 FF），其学名为 α-呋喃甲醛。它是发生在呋喃 C2 位上，醛基将氢原子取代而生成的一种衍生物。糠醛的颜色为无色或浅黄色，在空气中易变成黄棕色，有苦杏仁的味道，相对密度 1.1594，折光率 1.5261，闪点 60℃，能溶于许多有机溶剂，如丙酮、苯、乙醚、甲苯等，部分能与水互溶。呋喃环系的衍生物有很多，然而最重要的是糠醛。它有着特殊的分子结构：含有一些官能团如不饱和双键、氧醚键、二烯等，由此化学性质也就比较活泼了，可以发生氧化、硝化、氢化、氯化和缩聚等反应，因此在合成食品、医药、橡胶、合成树脂、合成纤维、石油加工、染料、香料、涂料、燃料等领域运用普遍。

工业制糠醛的原料主要有玉米芯、甘蔗渣、棉籽壳、稻壳等富含戊聚糖的生物质原料，可在酸性介质中水解，得到戊糖，戊糖失水环化从而形成糠醛。目前，世界上的窑炉生产方法主要是硫酸法、盐酸法、醋酸法、

无机盐法。中国目前是世界上窑生产和出口最多的国家。中国有数百家大小工厂现有的窑炉生产方法存在生产成本高、能耗高、生产率低、腐蚀严重、污染严重、分离回收困难、响应周期长等缺点，严重制约了这些企业的发展。

生物质快速热解会生成多种呋喃类产物，糠醛是其中一种重要的产物，同时来自纤维素和半纤维素；不同学者均发现采用合适的催化剂调控热解反应过程，可以显著提高糠醛的产率，可望提供一种新型的糠醛生产工艺。

5-羟甲基糠醛（HMF）熔点30~34℃，沸点114~116℃，闪点79℃，折射率1.5627，其结构如图8-6所示。在众多的生物质基化学品中，HMF是一种新型的平台化合物，化学性质比较活泼，具有高活性的呋喃环、芳醇、芳醛结构，可以通过氧化、氢化和缩合等反应制备多种衍生物，其衍生物广泛地作为抗真菌剂、腐蚀抑制剂、香料，也可以代替由石油加工得到的苯系化合物作为合成高分子材料的原料。所以，HMF是重要的精细化工原料，应用前景也最为广泛。现阶段，HMF主要以果糖、葡萄糖、蔗糖、纤维素等为原料，通过水解法进行制备。

图 8-6　HMF 的结构

（据董长青、陆强、胡笑颖，生物质热化学转化技术，2017 年）

除了水解制备 HMF 外，糖类/生物质原料在热解过程中也会或多或少地产生 HMF，这有望为 HMF 的制备提供另一种方法。目前，利用热解法制备 HMF 的研究工作相对较少。除了果糖等少数几种原料外，HMF 可以通过热解直接制备出高选择性的 HMF，而大部分糖类/生物质原料的热解生成 HMF 的选择性相对较低。因此，本节将总结羟甲基糠醛的形成特征在不同的糖类/热解生物质原料，以及羟甲基糠醛形成的机制和方法从不同原料的热解，羟甲基糠醛的制备提供一定的数据依据选择性热解碳水化合物/生物质原料。

二、生物质选择性热解制备糠醛

对生物质直接进行快速热解处理获得的液体产物具有相对低的糠醛含量。只有控制热解过程的方向才能明显提高糠醛的选择性，从而完成糠醛的选择性制备。

（一）原料的选择

制备糠醛的主要因素是原料。因此，一些学者使用不同的原料进行热解实验，重点是研究生产糠醛的量，并发现利用玉米芯、玉米秸秆、杏仁壳和榛子壳的热解产物的糠醛产率较高。这表明生产糠醛和生物质原料中的戊聚糖含量直接相关。另外，一些学者发现糠醛在热解过程中很容易由果糖形成，因此使用含果糖高的提取物的生物质原料也有利于制备糠醛。

（二）工艺技术的选择

选择性糠醛制备的关键是大大增加生物质热解为糠醛的反应途径，并抑制其他竞争途径。因此，选择适合于调节热解过程的催化剂是最有效的方法。研究表明，各种酸催化剂可用于热解综丝纤维素以生产糠醛。它们包括金属氯化物（如 $NiCl_2$、$ZnCl_2$、$MgCl_2$ 等）、酸（如 H_2SO_4、H_3PO_4 等）、磷酸盐 $[(NH_4)_3PO_4]$、硫酸盐 $[如 Fe_2(SO_4)_3$、$(NH_4)_2SO_4$ 等]、沸石分子筛（如 ZSM-5、Al-MCM-41、Al-MSU-F、BRHA 等）等。

在众多催化剂中，$ZnCl_2$ 催化生物质热解制备糠醛的最佳方法。Lu 等、Branca 等和 Wan 等由此进行了深入的研究，证实了把 $ZnCl_2$ 浸渍负载于生物质后在中低温度下进行快速热解，这样就可以实现糠醛的选择性制备。Lu 等的结果表明，在 $ZnCl_2$ 作为催化剂的情况下进行热解反应糠醛的收率高达 8wt%，而常规工艺仅得到糠醛的含量为 0.49wt%。此外，在 $ZnCl_2$ 的催化热解中，焦炭形成主要发生在木质素碳化反应中，以确保主要是糠醛液体产物，达到糠醛选择性制备。Lu 等也提出，$ZnCl_2$ 是一种很好的化学活化剂，对负载 $ZnCl_2$ 的生物质进行快速热解得到富含糠醛的液体产物后，对固体残炭直接活化还可以得到活性炭，从而实现糠醛和活性炭的共生产。

针对 Lu 等提出的方法，对 $ZnCl_2$ 催化热解生物质制备糠醛工艺作出以下解析。如图 8-7 所示给出了不同 $ZnCl_2$ 负载量的纤维素和木聚糖在 500℃ 下快速热解所得到的产物的离子总图。通过图可以看出，$ZnCl_2$ 作为催化剂进行的热解纤维素反应生成了以糠醛、LGO、LAC、DGP 为主的热解产物，如果 $ZnCl_2$ 负载量不断增加，糠醛的产率和纯度也就随着增加，其他产物的量就会下降。$ZnCl_2$ 作为催化剂进行的热解木聚糖的反应只生成了一种主要的产物——糠醛唯。图 8-8 所示的是 $ZnCl_2$ 催化热解纤维素和木聚糖生成糠醛的具体反应过程。

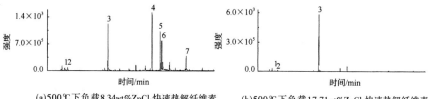

(a)500℃下负载8.34wt%ZnCl₂快速热解纤维素　　(b)500℃下负载17.71wt%ZnCl₂快速热解纤维素

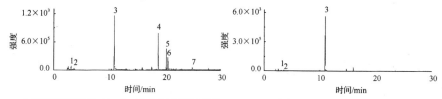

(c)500℃下负载10.44wt%，ZnCl₂快速热解木聚糖　(d)500℃下负载18.30wt%wt%ZnCl₂快速热解木聚糖

图8-7　ZnCl₂催化热解纤维素和木聚糖的离子总图

（据董长青、陆强、胡笑颖，生物质热化学转化技术，2017年）

图8-8　ZnCl₂催化热解纤维素和木聚糖生成糠醛

（据董长青、陆强、胡笑颖，生物质热化学转化技术，2017年）

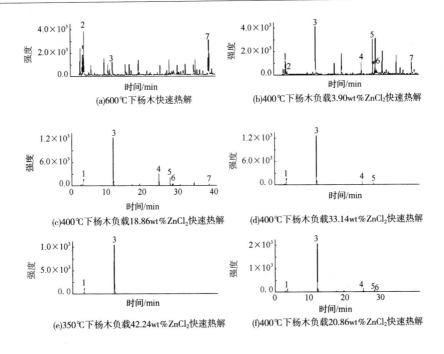

图 8-9　生物质快速热解以及 $ZnCl_2$ 催化热解后产物的离子总图

（据董长青，陆强，胡笑颖. 生物质热化学转化技术，2017）

图 8-9 显示的是杨木进行快速热解以及 $ZnCl_2$ 催化热解后产物的典型离子总图；表 8-1 显示的是杨木直接快速裂解与催化裂解产物的化学组成。陆强通过对图 8-9 和表 8-1 进行分析得出：①当在生物质上负载少量的 $ZnCl_2$ 后，生成酚类产物的量就会减产很多。这就表明 $ZnCl_2$ 能够阻碍木质素发生热解液化反应，由于酚类物质难以转化成永久性气体，因此 $ZnCl_2$ 作为催化剂肯定对木质素热解形成焦炭发挥着促进作用。②在 $ZnCl_2$ 作为催化剂的情况下，HAA、HA 等产物的含量就会减少很多，这表明 $ZnCl_2$ 作为催化剂对综纤维素的开环断裂起到阻碍作用。③针对综纤维素的解聚产物，在 $ZnCl_2$ 作为催化剂的情况下，LG 的含量就会减少很多甚至完全消失，然而，几种脱水产物如 LGO、LAC、糠醛、DGP 等就会增加很多，这表明 $ZnCl_2$ 作为催化剂对综纤维素解聚产物的脱水反应起到促进作用。④除了上述产物，我们还需要关注 AA。AA 基本上来源于半纤维素的乙酰基，$ZnCl_2$ 的催化作用几乎不影响 AA 的产率，但是当 $ZnCl_2$ 的负载量比较高的时候，除糠醛之外的其他产物都会减少很多，那么 AA 就成为第

二重要的产物，仅次于糠醛（也是除糠醛之外的唯一重要产物）。

根据产物的含量，随着 $ZnCl_2$ 负载量的不断增加，酚类和小分子醛酮产物含量显著下降，呋喃类的产物含量增加很多，含糖产物的含量首先增加然后减少，而酸类产物的含量首先减少然后增加。

表 8-1　杨木直接快速裂解与催化裂解产物的化学组成（GC 峰面积%）

$ZnCl_2$ 负载量/wt%	温度/℃	呋喃类/%	糖类/%	酸类/%	醛酮类/%	酚类/%	其他/%
0	600	7.94	14.10	10.16	13.11	32.55	5.27
3.90	350	32.23	33.93	12.58	0	0	0
	400	22.85	39.02	9.04	1.93	2.98	1.53
	500	22.91	36.32	7.67	2.83	10.49	2.07
8.38	350	36.29	31.40	16.33	0.87	0	0
	400	29.58	39.58	10.89	1.60	4.22	0
	500	26.49	36.43	8.40	2.54	8.41	2.1
18.86	350	44.01	27.34	17.57	0.80	0	0
	400	43.98	26.80	15.07	1.36	2.18	0
	500	39.94	25.85	12.29	2.19	4.33	2.08

续表

ZnCl$_2$ 负载量/wt%	温度/℃	呋喃类/%	糖类/%	酸类/%	醛酮类/%	酚类/%	其他/%
33.14	350	64.76	7.34	21.44	0.58	0	0
	400	63.41	7.92	19.19	1.11	0.23	0
	500	60.25	8.20	19.59	1.83	1.18	0
42.24	350	75.78	1.98	19.72	0.45	0	0
	400	71.14	3.88	19.18	1.00	0	0
	500	68.23	3.64	19.42	1.50	0.68	0

三、糖类/生物质原料热解过程中 HMF 的生成特性

经过热解反应生成 HMF 主要是由各种六碳糖或者含有六碳糖的原料制成的，其包括单糖（如葡萄糖、果糖等）、二糖（如蔗糖、纤维二糖等）、多糖（如纤维素、半纤维素等）和木质纤维素类生物质等。通过不同原料的热解形成的 HMF 的特征存在很大差异。通常，具有呋喃结构的六碳糖（如果糖、蔗糖和菊糖等）倾向于在热解过程中形成更多的 HMF，而不是具有呋喃结构的六碳糖（如麦芽糖、纤维素、葡萄糖、纤维二糖、淀粉等）。也可以通过异构等反应形成 HMF，但 HMF 的产率及其在液体产品中的含量不高。

（一）呋喃糖热解形成 HMF 的特性

Gardiner 的报道是最早的关于糖类原料热解生成 HMF 的研究，他对葡萄糖进行真空热解，HMF 在所收集产物中的摩尔分数为 2.1%；对果糖进行真空热解，HMF 在所收集产物中的摩尔分数为 24.7%；菊糖进行真空热解，HMF 在所收集产物中的摩尔分数为 35.4%。这也就是说果糖和蔗糖通过热解反应可以生成较多的 HMF。随后，Schlotzhauer 等在马弗炉中对果糖

和蔗糖进行了热解实验，发现当温度处于 350~850℃ 之间的时候，经过热解反应生成的产物都主要是 HMF；然而结果表明 HMF 的质量产率却很低，只有 2%，与 Gardiner 的研究预期结果差别较大。Ponder 和 Richards 在 240℃ 下，对菊糖进行真空热解，HMF 质量产率为 8.9%；对果糖进行真空热解，HMF 质量产率为 1.3%；对菊糖进行真空热解，HMF 质量产率为 3.2%。所有上述研究表明，呋喃糖热解可以得到更高的 HMF 产率。Sanders 等总结了以前关于糖类热解的研究，并且还发现呋喃糖制备 HMF 的过程更简单。

近年来，随着分析工具和方法的不断进步，可以实现对热解过程的更精确控制。鲁强等使用 Py-GC/MS（热解—气相色谱/质谱）方法快速热解果糖，进一步研究热分解反应温度对热解产物的影响，发现对果糖在低温下进行快速热解反应，可以高选择性地制备 HMF，在 250℃ 下进行快速热解反应时，HMF 在热解产物中的含量（GC/MS 峰面积含量）很高，为 81.2%，因此提出了一种低温快速热解工艺技术，用于果糖制备 HMF。

（二）吡喃糖热解形成 HMF 的特性

对葡萄糖和纤维素等吡喃糖原料的热解特性进行了大量研究。Patwardhan 等采用重力进料式热解反应器研究各种糖原料在 500℃ 下的热解。结果表明，麦芽糖和纤维二糖的热解过程中 HMF 的质量产率较高，其中使用麦芽糖作为热解原料的 HMF 的质量产率为 8.87%；使用纤维二糖作为热解原料的 HMF 的质量产率为 8.74%；使用葡萄糖作为热解原料的 HMF 的质量产率为 7.70%。相对来说，葡萄糖作为热解原料的 HMF 的质量产率稍微低一些。其他糖（如纤维素、凝胶多糖、淀粉等）作为热解原料的 HMF 的质量产率都低于 4%。Liao 等通过 Py-GC/MS 研究并对葡萄糖、纤维二糖和纤维素作为热解原料生成的 HMF 的特性进行了比较，在 500℃ 下进行历时 20s 的热解反应，以葡萄糖为原料的热解产物中 HMF 的含量（GC/MS 峰面积含量）为 7.78%；以纤维二糖为原料的热解产物中 HMF 的含量（GC/MS 峰面积含量）为 8.96%；以纤维素为原料的热解产物中 HMF 的含量（GC/MS 峰面积含量）为 3.09%，类似于 Patwardhan 等报道的结果。其他研究人员也证实，HMF 在葡萄糖、纤维素等吡喃糖的热解过程中会生成，但产量并不高。对于木质纤维素生物质，其热解形成的 HMF 主要来源于纤维素或半纤维素中的六碳糖（如葡萄-甘露聚糖等）。Dong 等研究了热解温度和热解时间对杨木热解产物的影响，发现 HMF 产率在 550℃ 达到最大值，并推测 HMF 在形成过程中应该经历糖苷键的分裂、分子内脱水和半缩醛等的反应。

考虑到 HMF 在吡喃糖（如葡萄糖、纤维素等）的热解过程中的低选择性，以此为原料实现 HMF 的选择性制备技术难度较大。目前没有良好的选择性热解技术。即便如此，许多学者已经研究了 HMF 的形成特征和通过热解制备 HMF 的最佳工艺条件。Shen 和 Gu 使用自制的热解装置热解纤维素，在 630℃ 的热解温度条件下和 0.44s 的停留时间内获得最大的 HMF 产率。Lu 等通过 Py-GC/MS 实验分析了热解温度和热解时间对形成 HMF 的影响。在热解温度为 600℃，热解时间为 30s 的条件下获得了最大产率的 HMF。此外，一些研究人员已经寻求通过催化热解来提高 HMF 的产率和选择性。Kawamoto 等报道了在酸催化的热解过程中，环丁砜溶解的纤维素产生的 HMF 略有增加。Lu 等报道了通过固体超强酸催化剂的纤维素快速热解产物的在线催化转化，并且 HMF 产率增加，但不是非常明显。

果糖和葡萄糖以及以果糖为基本结构单元的二糖和多糖有可能通过选择性热解有效地产生 HMF。基于实验研究，许多学者对不同碳水化合物/生物质材料热解产生的 HMF 特征有了深入的了解，并在此基础上提出了许多可能的 HMF 生成途径。但是，由于缺乏有效的验证方法，无法得出确切的结论。目前，基于功能密度理论计算的机制分析仍处于起步阶段。在未来的研究中，应尽可能考虑所有可能的 HMF 生成途径，以确定通过不同原料的热解形成 HMF 的机制和途径。对于 HMF 的制备，果糖等呋喃糖直接快速热解即可获得高度富含 HMF 的液体，可直接用于后续的分离提纯；但是葡萄糖等吡喃糖热解生成 HMF 的选择性还较低，有待于后续开发高效的调控技术，促进 HMF 的形成。

第四节　酚类物质的选择性热解制备

一、酚类物质简介

酚类物质主要是通过木质素热解反应生成的，木质素通过热解反应通常会生成几十种甚至几百种单体酚的混合物。根据单体酚中所含甲氧基的数量，混合酚可分为三种：酚类、愈口木酚类和丁香酚类。如图 8-10 所示的是这几种酚类的典型结构。迄今为止，取代苯酚合成酚醛树脂是酚合剂的主要应用。酚类混合物还可以作为提取单酚的原料，进一步制备精细化工产品、药品、食品添加剂等。另外，苯酚混合物还可以作为通过催化加氢制备液体燃料的原料。

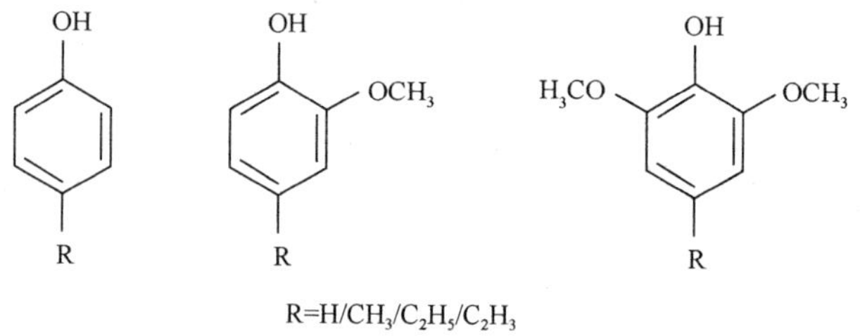

R=H/CH₃/C₂H₅/C₂H₃

图 8-10　不同酚类的结构

（据董长青、陆强、胡笑颖，生物质热化学转化技术，2017 年）

二、生物质选择性热解制备酚类混合物

酚类混合物可直接从生物油中提取，但由于生物质一般含有较少的木质素，所以通过常规快速热解反应生成的生物油含有水平相对较低的酚类。此外，在分离和萃取过程中需要大量的有机溶剂，这极大地限制了萃取过程的经济性。为了提高工艺的经济性，有必要增加液体生物油中酚类产品的含量。以富含木质素的生物质为原料是最方便的热解方法。例如，Kim 等和 Asadullah 等以油棕榈壳作为快速热解的原料的快速热解，酚类混合物占有机液体含量的 70% 左右，酚类产物主要是苯酚。此外，一些学者直接使用木质素作为原料来制备酚类混合物。例如，Zhang 等以三种不同类型的木质素作为原料进行的快速热解，在酚类产品中发现的热解产物均相对含量高于 2%，而这些酚类的混合物总含量约为 50%。左宋林等对酸沉淀工业木质素在 400~700℃ 下快速热解的液体产物分布进行了详细研究，在 400~700℃ 温度范围内获得的有机液体产物主要是苯酚、愈创木酚、紫丁香酚以及它们的甲基、乙基或丙基的取代衍生物。娄瑞等将毛竹酸温和水解木质素作为原料在不同温度下的快速热解的产物进行研究，结果表明：当在 400~800℃ 温度范围内进行热解时产物以酚类为主，并且酚类产物的含量最高可以达到 62.58%，此时对应的热解温度为 600℃。在此基础上，Lou 等定量研究了木质素在 600℃ 下进行的热解反应生成的产物中的酚类，结果发现液体产物中三种主要的组分为苯酚（其产率为 28.47mg/g）、4-甲基愈创木酚（其产率为 24.84mg/g）和香草醛（其产率为 15.01mg/g）。

为了将酚类在混合物的含量再一次提高，一些研究人员研究了催化剂对木质素热解的影响。Wang 等发现，引入氯化物的木质素热解过程可以略微促进酚类的产生，并且对酚类的促进性能为 $CaCl_2 > KCl > FeCl_3$。常规木质素热解酚含量为 55.98%，而 $CaCl_2$ 作用下酚含量增加到 67.18%。Peng 等对四种碱性催化剂（$NaOH$、KOH、Na_2CO_3 和 K_2CO_3）对不同酚类热解产物制备木质素原料（如碱木质素、纸浆黑液木质素）的影响进行了研究，发现四种催化剂可以促进木质素的脱羧、脱碳和去除侧链不饱和烷基官能团。木质素催化热解产物主要是 2 - 甲氧基苯酚、2,6 - 二甲氧基苯酚、烷基苯酚以及 2 - 甲氧基 - 烷基苯酚；弱碱性催化剂（Na_2CO_3 和 K_2CO_3）主要促进甲氧基苯酚的形成，并且强碱性催化剂（如 $NaOH$、KOH 等）可以明显地改善甲氧基团在热解过程中的去除，形成具有高酚含量的单一产物。即使是以特定的生物质或者木质素作为原料进行的热解可以得到含量较高的酚类产物，但这种方法受到原料的限制，不具有普适性，很难普遍应用。

　　对于常规生物质原料，为了选择性地得到酚类混合物，必须选择性地控制生物质热解过程中的热解途径以促进木质素的分解，同时阻碍全纤维素的分解。加入适量的催化热解催化剂是一种有效的控制方法。在这方面，一些学者也进行了大量研究。Auta 等研究了 K_2CO_3、$Ca(OH)_2$ 和 MgO 对油棕榈果热解的影响。发现加入 $Ca(OH)_2$ 使苯酚含量从 16.7% 增加到 27.7%。Zhou 等在木质素的催化热解研究中也发现了类似的实验现象。他们认为加入 $Ca(OH)_2$ 可以抑制木质素在热解过程中的融合和团聚，同时促进木质素的热解形成单酚以及二聚体。Bu 等提出了一种通过微波催化生物质热解制备酚类混合物的方法。以活性炭为催化剂，生物质原料为花旗松，微波催化热解后产物中酚类混合物的含量达 66.9%（通过 GC/MS 计算）。随后，Bu 等得到最大含量为 74% 的酚类产物，这是通过优化热解反应的条件得到的。除热解反应条件外，活性炭的类型对酚混合物有很大影响。尽管煤基活性炭和木基活性炭在酚类混合物上的催化性能相似，但所得液体产物的酚含量不同。体积不大，但木质活性炭对苯酚的影响更大。此外，Bu 等还研究了活性炭对木质素微波热解的影响。结果表明，液体产品中酚类混合物含量达到 78%，苯酚的含量分别达到 45%。

　　添加活性炭可以明显促进木质素的热解形成酚类。然而，Bu 等认为这是活性炭上的大量羧酸酐官能团与生物质发生热解反应产生的水蒸气反应形成羧酸，并且羧酸进一步也作为氢供体提供木质素发生热解反应所需的氢源。Salema 和 Ani 与 Bu 等获得了类似的实验结果，在研究微波热解棕榈壳和油棕榈果穗时，添加活性炭降低了生物油的产率，但明显增加了酚类，特别是苯酚的含量。搅拌速度、活性炭的量和微波功率对酚类混合物的含量具有明显的影响。在微波功率为 800W、微波吸附剂为 25%、搅拌速度为 100r/min 的条件下，酚类混合物的含量达到最大值，其中苯酚含量高达 85%。考虑到酚类混合物的主要用途是制备酚醛树脂，苯酚的反应性高于其他酚类。酚醛树脂中的酚含量越高，越有利于制备酚醛树脂为原料。

另外，发现了另一种对酚类混合物具有良好选择性的催化剂——磷酸盐。将 K_3PO_4 浸渍负载于生物质后进行快速热解，可以得到主要是酚类混合物的有机液体产物，在较高的 K_3PO_4 浸渍量下酚类混合物的含量高于 60%。与此同时，所采用的生物质种类决定着酚类的组成成分。例如，原料为杨木的热解反应其产物主要是苯酚和 2,6-二甲氧基苯酚；原料为松木热解反应其产物主要是 2-甲氧基苯酚和 2-甲基-4-乙烯基苯酚；原料为玉米秆的热解反应其产物主要是苯酚和 4-烯基苯酚。基于此，还对三种磷酸盐（K_3PO_4、K_2HPO_4 和 KH_2PO_4）的催化性能进行了比较，研究表明 K_3PO_4、K_2HPO_4 具有相似的催化性能，可极大地促进生物质热解酚醛混合物的形成。

当 K_3PO_4 的加入量为 50% 时，酚类混合物的含量达到最大值 68.8%。尽管该技术能够选择性地热解生物质以产生酚类混合物，但是由于磷酸盐需要首先浸渍并装载到生物质上，催化剂预处理过程复杂且不能回收。针对这一问题，研究人员进一步制备了固体磁性磷酸钾催化剂，用于生物质的催化热解以制备酚类混合物。实验结果表明，该催化剂具有与液体磷酸钾相似的催化性能，最大苯酚含量达到 68.5%。通过对主要酚类产物的定量分析，发现 12 种主要酚类产物的产率从 29.0mg/g（非催化热解）增加至 43.9mg/g（催化热解）。两次使用循环后催化剂对苯酚的选择性仅降低了 0.5%。

三、生物质选择性热解制备单种酚类物质

酚类化合物通常以复杂的混合体系存在，且具有主产物不明显的特点。因此，这就为从混合体系中提取单一成分的酚类增加了难度，同时经济上的投入也相应地增多。为了获得单体酚，一些学者将研究的重点放在了生物质热解直接制备单体酚上。例如，对甘蔗渣的快速热解研究，王志发现当反应温度较低时，产物以 4-乙烯基苯酚和 4-乙烯基愈创木酚为主，产物组成比较简单。基于此，Qu 等研究了低温条件下其他生物质原料的热解产物组成情况，实验研究的底物有甘蔗渣、玉米秆、竹子、稻壳、杨木等，采取的方法为低温热解禾本科生物质制备 4-乙烯基苯酚，并找出了最佳条件下获得的最大产率，最高达 7.03wt%。

基于禾本科生物质材料的独立化学成分，Zhang 等提出了一种基于大

量勘探实验的禾本科生物质为原料的催化热解制备4-乙基苯酚的方法。Pd/SBA-15用作催化剂，甘蔗渣为原料进行热解反应，可以得到最大产率的4-乙基苯酚，为2.0wt%。此外，将该方法用于催化以阔叶木和针叶木生物质为原料的热解反应可选择性地获得4-乙基紫丁香酚和4-乙基愈创木酚。

　　酚类物质主要来源于木质素的热解，木质素组成结构极为复杂且受生物质种类影响很明显，目前对于木质素的热解机理还不够深入，所以针对各种酚类产物的反应原理还知之甚少。以木质素或富含木质素的生物质为原料，可制备富酚生物油；常规的生物质作为原料，通过加入催化剂如活性炭、K_3PO_4等，就可以制备富酚生物油。此外，针对禾本科等特殊生物质原料，通过低温热解或催化热解等手段，还可以制备4-乙烯基苯酚、4-乙基苯酚等单酚类产物。

第五节　其他高附加值基础化学品制备

一、芳香烃简介

　　芳香烃通常是指含有苯环结构的一类碳氢化合物，苯环结构是它的基本结构，按照苯环数量的多少，可以分为单环芳烃和多环芳烃。其中，最基本的单环芳烃为苯、甲苯以及二甲苯；多环芳烃一般包含萘、蒽、菲、芘等复杂化合物，它们都是含有两个以上苯环结构的化合物，化合物类型超过150种。在化学化工工业中，芳香烃是一种非常重要的化学原料，可以用于合成纤维、橡胶、树脂等材料，所以，芳香烃原料在我国的年消耗量已经达到了2000万t，另外，用于工业生产的芳香烃原料，主要从石油以及煤焦油中获取。

二、生物质催化热解生成芳香烃机理

　　一般情况下，对生物质进行热解加工是无法直接获得芳香烃产物的，还需要通过对热解获得的产物进行催化芳构化反应，由此获得芳烃化合物。在生物质催化热解的反应中，综纤维素能够通过快速热解产生的不同类型的小分子化合物，这些小分子化合物在HZSM-5催化剂下可以发生择形和芳构化反应，并经过脱水、聚合、脱羰、脱羧等多步反应最终生成芳烃化合物。对于综纤维素来说，木质素含有的苯源是最多的，其在常规热解中，木质素经过一系列的断键，如单体间的醚键、碳碳键、支链和取代基的断裂，并且主要产生各种酚类物质和小分子产物。在氢化或脱氧催化剂的作用下，酚类物质通过取代基或侧链的脱落，或者发生加氢脱氧反应，可以转化成芳烃产物。但是，从小分子化合物到芳烃结构的转化，需要芳构化催化剂的参与，这类催化剂一般用得最多、最有效的是沸石分子筛类催化剂。

三、生物质催化热解制备芳香烃

催化剂是生物质催化热解制备芳香烃产物的重要环节，沸石分子筛催化剂（如 HZSM-5、H-β、USY、ReY 和 HY 等）是常用的主要催化剂。其中，性能最佳的是 HZSM-5，具有高效脱氧性和芳香烃高选择性的特点。Shen 等以黑液木质素为原料，研究了三种催化剂：HZSM-5、H-β 和 H-USY 对原料催化热解的效果，研究发现三种催化剂中对单环芳烃的生成具有最佳催化效果的是 HZSM-5 催化剂，而 H-USY 则对二甲苯表现出良好的选择性。另外，在实验中通过对催化剂的硅铝比进行研究，发现不同的硅铝比，其催化性能也存在明显的差异，当硅：铝 = 25：1 时，在同一个催化剂、不同的比例体系中，其催化效果是最好的。在此，需要清楚的是，即使沸石分子筛在制备高选择性的芳烃方面具有较好的效果，但在实际运用的过程中仍存在技术上的难题，主要的难点在于催化剂在使用的过程中易发生积炭失活和难再生等弊端，另外，其水热稳定性也比较差、芳烃产物掺杂大量的多环芳烃等。面对难题，学者们也将目光逐渐转移到了贵金属催化剂上，如金属氮化物、磷化物和碳化物等，而且这些催化剂的价格相对不是很贵。Zheng 等使用 $Mo_2N/\gamma-Al_2O_3$ 作为催化剂，Chen 等使用 $W_2C/MCM-41$ 作为催化剂，这都可以明显地促进芳香烃的生成，且芳烃产物主要是单环芳烃，但类贵金属催化剂对于芳烃产物的选择性与 HZSM-5 等沸石分子筛催化剂相差甚远。

此外，一些学者试图实施生物质和一些辅料进行共混催化热解。Zhang 等将木材和酒精混合，Zhang 等将玉米秆和高密度聚乙烯（HDPF）共混后进行催化热解实验，发现加入这些辅料都对芳香烃的生成有所帮助。

生物质常规热解难以形成芳香烃，采用具有芳构化效果的 HZSM-5 等沸石分子筛催化剂对生物质进行催化热解，可实现芳香烃产物的选择性制备，但同时也存在着催化剂积炭失活等技术问题；类贵金属催化剂也具有一定的效果，但对芳香烃的选择性远不如沸石分子筛；此外，将生物质和醇类、塑料等进行共热解，也有利于芳香烃的选择性制备。

参考文献

［1］白金明．中国能源作物可持续发展战略研究［M］．北京：中国农业出版社，2009.

［2］陈冠益，马文超，颜蓓蓓．生物质废物资源综合利用技术［M］．北京：化学工业出版社，2014.

［3］陈和．低碳烯烃低压羰基合成工艺的技术进展［J］．石油化工，2009，38（5）：568-574.

［4］陈森．生物质热解特性及热解动力学研究［D］．南京理工大学，2005.

［5］崔宗均．生物质能源与废弃物资源利用［M］．北京：中国农业大学出版社，2016.

［6］董长青，陆强，胡笑颖．生物质热化学转化技术［M］．北京：科学出版社，2017.

［7］杜艳艳，赵蕴华．农业废弃物资源化利用技术研究进展与发展趋势［J］．广东农业科学，2012，（2）：192-196.

［8］顾阳等．生物丁醇制造技术现状和展望［J］．生物工程学报，2010，26（7）：914-923.

［9］官巧燕，廖福霖，罗栋．国内外生物质能发展综述［J］．农机化研究，2007，（11）：20-24.

［10］胡荣祖，高胜利，赵凤起．热分析动力学（第2版）［M］．北京：科学出版社，2008.

［11］江婷．木质纤维素水相催化重整合成液体烷烃的研究［D］．中国科学院研究生院，2012.

［12］李景明，薛梅．中国生物质能利用现状与发展前景［J］．农业科技管理，2010，29（2）：1-4.

［13］李琳，郑骥．我国生物质能行业发展现状及建议［J］．中国环保产业，2010，（12）：50-54.

［14］廖艳芬．纤维素热裂解机理试验研究［D］．杭州：浙江大学，2003.

［15］林丽华等．大肠杆菌中表达关键基因产异丁醇的研究［J］．生

物技术，2011，21（3）：19-23.

[16] 刘荣厚，牛卫生，张大雷. 生物质热化学转换技术［M］. 北京：化学工业出版社，2005.

[17] 刘新建，王寒枝. 生物质能源的现状和发展前景［J］. 科学对社会的影响，2008，3（3）：5-9.

[18] 刘延坤，孙清芳，李冬梅. 生物质废弃物资源化技术的研究现状与展望［J］. 化学工程师，2011，186（3）：28-30.

[19] 马隆龙，吴创之，孙立. 生物质气化技术及其应用［M］. 北京：化学工业出版社，2003.

[20] 美国 Sandia 实验室. 发现异戊醇用作压燃式燃料具有很好潜力［J］. 精细石油化工进展，2010，12（4）：52.

[21] 庞晓华. 杜邦开发藻类制异丁醇生产工艺［J］. 石油炼制与化工，2010，41（5）：24.

[22] 钱能志，尹国平，陈卓梅. 欧洲生物质能源开发利用现状和经验［J］. 中外能源，2007，（3）：10-14.

[23] 邵珊珊，张会岩，肖睿. 乙二醇催化转化制备烯烃和芳香烃试验研究［J］. 工程热物理学报，2013，34（05）：989-992.

[24] 石元春. 决胜生物质［M］. 北京：中国农业大学出版，2010.

[25] 孙桂林. 废物资源化与生物能源［M］. 北京：化学工业出版社，2004.

[26] 孙立，张晓东. 生物质发电产业化技术［M］. 北京：化学工业出版社，2011.

[27] 孙立，张晓东. 生物质热解气化原理与技术［M］. 北京：化学工业出版社，2013.

[28] 孙彦平等. 木质纤维素生产燃料丁醇工艺的研究进展［J］. 中国酿造，2010，11：17-22.

[29] 谭洪，王树荣，骆仲泱. 木质素快速热裂解试验研究［J］. 浙江大学学报：工学版，2005，39：5.

[30] 谭洪. 生物质热裂解机理试验研究［D］. 杭州：浙江大学，2005.

[31] 谭文英，王述洋，关晓平. 白桦粒度对其热解特性的影响［J］. 东北林业大学学报，2003，31（2）：78-80.

[32] 天津大学物理化学教研室. 物理化学（第3版）［M］. 北京：高等教育出版社，2000.

[33] 王积涛. 有机化学［M］. 天津：南开大学出版社，1993：278.

［34］王俐.羰基合成醇生产技术的进展［J］.化工技术经济，2002，3：7-13.

［35］吴创之，马隆龙.生物质能现代化利用技术［M］.北京：化学工业出版社，2003.

［36］吴创之，周肇秋，阴秀丽.我国生物质能源发展现状与思考［J］.农业机械学报，2009，40（1）：91-99.

［37］肖波等.生物质能循环经济技术［M］.北京：化学工业出版社，2006.

［38］肖睿，张会岩，沈德魁.生物质选择性热解制备液体燃料与化学品［M］.北京：科学出版社，2015.

［39］谢光辉.能源植物分类及其转化利用［J］.中国农业大学学报，2011，16（2）：1-7.

［40］邢其毅等.基础有机化学（第3版）［M］.北京：高等教育出版社，2005.

［41］许世森，张东亮，任永强.大规模煤气化技术［M］.北京：化学工业出版社，2006.

［42］许祥静，刘军.煤炭气化工艺［M］.北京：化学工业出版社，2005.

［43］袁振宏.生物质能高效利用技术［M］.北京：化学工业出版社，2014.

［44］张嫦.杂醇油的利用及其深加工［J］.西南民族学院学报：自然科学版，2001，27（4）：440-442.

［45］张建安，刘德华.生物质能源利用技术［M］.北京：化学工业出版社，2009.

［46］张薇.丙烯羰基合成法合成丁醛的几种工艺路线比较［J］.湖南农业大学学报：自然科学版，2004，30（4）：394-396.

［47］张哲，田义文.生物质能政策法规建设的探索与实践［J］.商场现代化，2009，（567）：273-274.

［48］郑玲惠，张硕新，王莹.国外发展生物质能政策措施对中国的启示［J］.商场现代化，2009，（567）：13-14.

［49］朱锡锋.生物质热解原理和技术［M］.北京：中国科技大学出版社，2005.

［50］朱增勇，李思经.美国生物质能源开发利用的经验和启示［J］.世界农业，2007，（6）：52-54.

［51］Shao S S，Zhang H Y，Xiao R，eta1.Comparison of catalytic characteristics of biomass derivates with different structures over ZSM - 5 [J]. Bioenergy Research, 2013, 6 (4): 1173-1182.

[52] Zhang H Y, Shao S S, Xiao R, etal. Characterization of coke deposition in the catalytic fast pyrolysis of biomass derivates. Energy & Fuels, 2013, 28 (1): 52-57.

[53] Palumbo L, Bonino F, Beato P, etal. Conversion of methanol to hydrocarbons: spectroscopic characterization of carbonaceous species formed over H-ZSM-5 [J]. The Journal of Physical Chemistry C, 2008, 112 (26): 9710-9716.

[54] Cerqueira H S, Sievers C, Joly G, etal. Multitechnique characterization of coke produced during commercial resid FCC operation [J]. Industrial & Engineering Chemistry Research, 2005, 44 (7): 2069-2077.

[55] Atsumi S, Hanai T, Liao JC. Non-fermentative pathways for synthesis of branched-chain higher alcohols as biofuels [J]. Nature, 2008, 451: 86-90.

[56] Stenseng M, Jensen A, Johansen KD. Investigation of Biomass Pyrolysis by thermo-gravimetric Analysis and Differential Scanning Calorimetry [J]. Journal of Analytical and Applied Pyrolysis, 2001, 58-59; 765-780.